Aashish Tiwari

Especiarias indianas: Valores deliciosos e medicinais

Aashish Tiwari

Especiarias indianas: Valores deliciosos e medicinais

ScienciaScripts

Imprint

Cover image: www.ingimage.com

This book is a translation from the original published under ISBN 978-620-2-00429-9.

Publisher:
Sciencia Scripts
is a trademark of
Dodo Books Indian Ocean Ltd. and OmniScriptum S.R.L publishing group

120 High Road, East Finchley, London, N2 9ED, United Kingdom
Str. Armeneasca 28/1, office 1, Chisinau MD-2012, Republic of Moldova, Europe
Printed at: see last page
ISBN: 978-620-7-78027-3

Índice:

UNIVERSIDADE DE SAI NATH, RANCHI, ÍNDIA
FACULDADE DE INVESTIGAÇÃO E DESENVOLVIMENTO

Nome e número de inscrição do estudante: **Aashish Tiwari (1350100866)**

Nome do supervisor: **Dr. Uma Shankar**

Título: (tal como aprovado pelo Comité de Investigação)

Isolamento e identificação de espécies de Vibrio causadoras de doenças gastrointestinais por PCR multiplex e investigação da sua prevenção através da utilização de especiarias indianas

Assinatura da Autoridade
(com selo)

Assinatura do aluno

Agradecimentos

Com a graça de Deus, aproveito esta oportunidade para exprimir o meu sagaz sentimento de gratidão e de dívida para com o meu estimado orientador, **Dr. Uma Shankar**, Cientista Consultor, Cytogene Research and Development, Lucknow, pela sua valiosa orientação, discussão agradável, encorajamento constante, afeto interminável e esforços notáveis durante todo o período do meu trabalho e preparação deste manuscrito.

Estou extremamente grato ao **Er. Sujit Kumar Singh**, Diretor (Administração), Cytogene Research and Development, Lucknow, por me ter dado a oportunidade de trabalhar no laboratório deste instituto.

Com um profundo sentido de gratidão, estendo os meus sinceros agradecimentos ao **Dr. Bhagwan Ram Pandey**, Reitor, Ciência e Tecnologia, Universidade Sai Nath, Ranchi, Jharkhand, por me ter dado a oportunidade de realizar este trabalho. Os meus agradecimentos cordiais e sinceros à **Sra. Madhulika Singh** por me ter dado valiosas sugestões académicas, encorajamento e ajuda fiável durante o meu percurso académico/trabalho de investigação.

Quando as emoções estão envolvidas, as palavras deixam de ter significado, não há palavras para agradecer igualmente à **Sra. Divya Sahni,** Investigadora Principal no ICAR - Instituto Central de Investigação da Salinidade do Solo, Estação Regional de Investigação, Lucknow, por me ter proporcionado uma boa companhia cerebral. Não posso esquecer a sua cooperação, paciência e amor infinito ao longo da vida. Gostaria de deixar registado um profundo sentimento de respeito e honra pela sua valiosa ajuda e cooperação durante a realização deste trabalho.

Ficarei em dívida para com todos os membros do pessoal do Departamento de Microbiologia da Universidade Sai Nath, Ranchi -Jharkhand. Estou grato a todos os meus amigos e simpatizantes por me terem dado apoio moral e ajuda atempada, sempre que precisei.

As palavras são muito curtas para exprimir a minha gratidão e afeto aos meus pais, a **Sra. Bedmati Tiwari e o Dr. Amar Nath Tiwari**, à minha mãe, o falecido **Sr. Anand Dwivedi** e a todos os membros da família que me deram um amor infinito para conseguir este feito e demonstraram total confiança em mim, mesmo quando eu não estava no meu melhor.

Data:
Local: Lucknow

Aashish Tiwari

OBJECTIVOS

1. Isolamento de espécies de Vibrio de amostras de água de lagoa e de torneira em meios selectivos de TCBS.
2. Identificação de 5 espécies diferentes de vibrio nas amostras de água seleccionadas utilizando a amplificação Multiplex PCR.
3. Atividade antibacteriana de 10 extractos de especiarias contra as espécies de vibrio identificadas.
4. Determinação das concentrações MIC e MBC das especiarias contra os isolados.
5. Atividade antioxidante de especiarias utilizando vários métodos.

Necessidade e âmbito do estudo

Na sobrevivência da nossa vida, a água é uma das principais fontes de vida saudável e livre de doenças. Geralmente bebemos água da torneira ou de outras fontes gerais sem qualquer tratamento da água. Por isso, pode ser prejudicial para a nossa saúde, uma vez que as doenças infectam o nosso corpo. Nesse caso, comemos a comida que é composta por várias especiarias utilizadas nessa comida. Assim, estudámos aqui a utilização destas especiarias e as suas actividades contra bactérias de doenças gastrointestinais que podem controlar ou inibir a infeção no nosso estômago.

O controlo dos agentes patogénicos pode reduzir significativamente os surtos de doenças de origem alimentar. As especiarias e os materiais vegetais aromáticos são utilizados há muito tempo nos alimentos, não só pelas suas qualidades de sabor e fragrância e efeitos apetitosos, mas também pelas suas propriedades conservantes e medicinais. Desde a antiguidade que têm sido utilizadas para prevenir a deterioração e a deterioração dos alimentos e também para prolongar o seu tempo de vida útil. Tem sido amplamente relatado que os óleos essenciais de especiarias têm mostrado atividade antimicrobiana e atividade antioxidante contra agentes patogénicos de origem alimentar, especialmente espécies de Vibrio.

Capítulo 1

1. INTRODUÇÃO

No ambiente, as bactérias estão presentes em quase todo o lado. Algumas podem ser encontradas a altas temperaturas como termófilas, enquanto outras prosperam em ambientes frios como psicrófilas. Muitas espécies de bactérias encontram-se no solo, metabolizando plantas mortas e disponibilizando os seus nutrientes a outros organismos vivos. As bactérias são exploradas pelas suas capacidades à escala industrial, como na produção de antibióticos e vitaminas ou no tratamento de esgotos e águas residuais. Muitas são importantes para a saúde humana, uma vez que fazem parte da flora intestinal, que é essencial para lidar com os agentes patogénicos. A maioria das bactérias é inofensiva para os seres humanos e necessária para o nosso bem-estar. No entanto, algumas podem causar doenças e, como tal, têm sido temidas ao longo da história, incluindo a Yersinia pestis (causadora da morte negra), a Mycobacterium tuberculosis e a Vibrio cholera. Nesta tese, estou a centrar-me na bactéria Vibrio, que pertence à família Vibrionaceae, que inclui várias espécies potencialmente patogénicas para o homem. Os Vibrios foram as primeiras bactérias a serem isoladas e identificadas no ambiente. Em 1854, os Vibrios foram descritos pelo estudante de medicina italiano Pacini **(Bentivoglio e Pacini, 1995)** e tornaram-se um argumento importante no debate contemporâneo da teoria dos germes versus a teoria dos miasmas - ou seja, a identificação do agente causador da doença como um organismo ou como um vapor poluído no ar.

No entanto, alguns anos antes, John Snow tinha isolado a bactéria V. cholera após um surto de cólera relacionado com um poço de água potável contaminado em Londres. Rober Koch, criador dos postulados de Koch, isolou a V. cholera durante um surto no Egipto/Índia em 1883 e sugeriu que a bactéria era o agente causador da cólera pandémica, a doença mais temida na altura. John Snow declarou que a cólera não podia ser rastreada para além de 1769, mas isto pode dever-se ao facto de as epidemias na Ásia terem sido documentadas na Europa **(Snow, 1855)**. As estatísticas apresentadas pela **OMS** ilustram que o número anual estimado de casos de cólera continua a ser muito elevado, com 3-5 milhões de doentes e 100 000-120 000 mortes por ano **(2011)**, enquanto o continente africano, em particular, é frequentemente atingido por epidemias **(Mintz e Guerrent, 2009)**. O género Vibrio engloba espécies de bactérias gram-negativas originárias de águas marinhas e estuarinas. Até à data, foram descritas cento e trinta espécies de Vibrio e doze foram classificadas como agentes patogénicos humanos implicados principalmente em doenças transmitidas por alimentos ou pela água **(Thompson et al., 2006)**. As consequências sanitárias para a saúde humana e os impactos socioeconómicos destes agentes patogénicos, particularmente da V. cholera **(Colwell et al., 1977)**. A presença de Vibrio spp. potencialmente patogénicas para o homem foi comunicada nas águas costeiras francesas **(Hervio-Heath et al., 2002)**.

Taxonomia: Vibrionaceae

O género bacteriano Vibrio é, de acordo com o manual de bacteriologia sistemática de Bergey, classificado como pertencente ao filo Proteobacteria, classe Gammaproteobacteria, ordem Vibrionales e família Vibrionaceae. Outras ordens bacterianas da classe incluem Aeromondlaes e Enterobacteriales. No entanto, a taxonomia é amplamente debatida, uma vez que a sequenciação do gene 16SrRNA, normalmente utilizada como identificação genética exacta, não é fiável, uma vez que várias espécies de Vibrio têm um 16SrRNA quase idêntico.

O Vibrio é uma bactéria gram-negativa com forma de bastonete curvo (forma de vírgula), várias espécies das quais podem causar infecções de origem alimentar, normalmente associadas à ingestão de marisco mal cozinhado. Tipicamente encontradas em água salgada, as espécies de Vibrio são anaeróbios facultativos que testam positivo para a oxidase e não formam esporos. Todos os membros do género são móveis e têm flagelos polares com bainhas. Foram construídas filogenias recentes com base num conjunto de genes (análise de sequências multilocus). O nome Vibrio deriva de FilippoPacini, que isolou microrganismos a que chamou "vibriões" de doentes com cólera em 1854, devido à sua motilidade **(Ryan et al., 2004)**. As espécies de Vibrio encontram-se tanto no seu habitat natural (ambientes aquáticos) como acidentalmente nos seres humanos após ingestão ou contacto com marisco/água contaminados. As bactérias são frequentemente isoladas de água doce, salobra e do mar e encontram-se muitas vezes em associação com outros organismos marinhos.

Virulência e resistência aos antibióticos:

Os genes de virulência do Vibrio encontram-se integrados num cromossoma e a sua resistência aos antibióticos encontra-se em elementos genéticos móveis, que podem estar a circular no ambiente aquático. Geralmente, o tratamento com antibióticos não é utilizado em doentes com doenças diarreicas com compensação electrolítica considerada suficiente, mas os casos mais graves são tratados com tetraciclina, ciprofloxacina e cefalosporina. Várias espécies de Vibrio são patogénicas. A maioria das estirpes causadoras de doenças está associada à gastroenterite, mas também pode infetar feridas abertas e causar septicemia. Podem ser transportadas por numerosos animais marinhos, como caranguejos ou camarões, e são conhecidas por causar infecções fatais em seres humanos durante a exposição. As espécies patogénicas de Vibrio incluem V. cholerae (o agente causador da cólera), V. parahaemolyticus e V. vulnificus. As espécies patogénicas de Vibrio podem causar doenças (infecções) de origem alimentar, normalmente associadas à ingestão de marisco mal cozinhado. As características patogénicas podem estar ligadas ao quorum sensing, em que as bactérias são capazes de expressar o seu fator de virulência através das suas moléculas de sinalização **(Tan et al., 2014).**

Os surtos de V. vulnificus ocorrem habitualmente em climas quentes e ocorrem regularmente pequenos surtos, geralmente letais. Em 2013, nos Estados Unidos, as infecções por Vibrio no seu conjunto aumentaram 43% em comparação com as taxas observadas em 2006-2008. O V. vulnificus, a estirpe mais grave, não registou qualquer aumento. O V. parahaemolyticus está também associado ao fenómeno de Kanagawa, no qual as estirpes isoladas de hospedeiros humanos (isolados clínicos) são hemolíticas em placas de ágar sangue, enquanto as isoladas de fontes não humanas não são hemolíticas. Muitas espécies de Vibrio são também zoonóticas. Provocam doenças em peixes e moluscos e são causas comuns de mortalidade na vida marinha doméstica (**Austin et al., 2006).**

É comummente encontrado a nadar livremente, agarrado a superfícies subaquáticas e comensalmente associado a várias espécies de marisco V.parahaemolyticus foi recentemente reconhecido como o mais importante agente patogénico de origem alimentar e como o principal agente causal de gastroenterite aguda humana, principalmente após o consumo de marisco e produtos marinhos crus, mal cozinhados ou mal manuseados **(Okuda et al., 1997).**

Vibrio parahaemolyticus, Vibrio cholerae e Vibrio vulnificus são as principais espécies de Vibrio associadas a infecções transmitidas por marisco. Estas bactérias pertencem à família Vibrionaceae e são habitantes normais de ambientes estuarinos e marinhos **(Baumann, 1984).** A identificação de Vibrio através de métodos microbiológicos tradicionais é morosa devido aos muitos testes bioquímicos. O Vibrio alginolyticus, em particular, representa um obstáculo ao diagnóstico, uma vez que frequentemente ultrapassa o número de outros Vibrio spp. em amostras ambientais e de marisco. O Vibrio alginolyticus é também um parente próximo do V. parahaemolyticus, e os isolados típicos das duas espécies podem ser difíceis de diferenciar. O meio de isolamento convencional, o ágar tiossulfato-citrato-bílis-sacarose (TCBS), diferencia as duas espécies; o V. parahaemolyticus é negativo para a sacarose (99% das vezes), enquanto o V. alginolyticus é positivo (99% das vezes) **(Oliver et al.,2001).**O Vibrio parahaemolyticus é a espécie responsável pela maioria das quebras de atividade associadas ao Vibrio em todo o mundo **(Joseph et al., 1983)**

A identificação baseada na PCR é uma alternativa adequada porque é comparativamente fácil, menos dispendiosa e pode ser concluída em várias horas. O ensaio de PCR multiplex para a deteção simultânea de vários genes ou espécies é muito vantajoso para o rastreio em grande escala. Já foram desenvolvidos alguns ensaios PCR multiplex para detetar espécies patogénicas de Vibrio, mas a maioria destes métodos visava uma única espécie (ou serótipos específicos) juntamente com a deteção de genes relacionados com a virulência **(Panicker et al., 2004).** No entanto, V. cholerae, V. parahaemolyticus e V. vulnificus podem coexistir em ambientes costeiros, animais doentes, marisco ou aquicultura **(Gopal et al., 2005).**

A reação em cadeia da polimerase (PCR) é amplamente utilizada para auxiliar (e substituir) a microbiologia tradicional, uma vez que permite a identificação rápida de espécies bacterianas e a deteção de genes de virulência. Foram estabelecidos vários métodos de PCR. Estes incluem, por exemplo, a deteção de Vibrio spp. em matrizes alimentares e caldos de enriquecimento **(Brasher et al., 1998).**Vibrio spp. são c- Proteobactérias aquáticas que interagem com uma variedade de organismos em habitats estuarinos e marinhos. Vibrio cholerae, Vibrio parahaemolyticus e Vibrio vulnificus são as três espécies mais importantes ligadas a doenças humanas **(Thompson et al., 2004).**

Com os métodos de rastreio de elevado rendimento a tornarem-se mais avançados e disponíveis, estes números irão mudar, mas o principal fator de discriminação na avaliação de uma espécie de planta em relação a outra é a questão da abordagem para encontrar pistas. Existem alguns pontos de partida gerais para selecionar e obter material vegetal de potencial interesse terapêutico. No entanto, os objectivos de tal esforço são simples. A diversidade química dos metabolitos secundários das plantas, que resulta da evolução das plantas, pode ser igual ou superior à encontrada nas bibliotecas químicas combinatórias sintéticas. As plantas medicinais têm desempenhado um papel essencial no desenvolvimento da cultura humana, por exemplo, nas religiões e nas diferentes cerimónias. (Por exemplo, a dutura está desde há muito associada ao culto de Shiva, o deus indiano). As plantas são diretamente utilizadas como medicamentos pela maioria das culturas em todo o mundo, por exemplo, a medicina chinesa e a medicina indiana. Muitas culturas alimentares têm efeitos medicinais, como por exemplo o alho. As plantas medicinais são fontes de novos medicamentos. Estima-se que existam mais de 250 000 espécies de plantas com flores. O estudo das plantas medicinais ajuda a compreender a toxicidade das plantas e a proteger o homem e os animais dos venenos naturais.

Os objectivos da utilização de plantas como fontes de agentes terapêuticos são **(Daniel et al., 2003)**

a) Para isolar compostos bioactivos para utilização direta como medicamentos, por exemplo, digoxina, digitoxina, morfina, reserpina, taxol, vinblastina, vincristina.

b) Produzir compostos bioactivos de estruturas novas ou conhecidas como compostos principais para semissíntese, a fim de produzir entidades patenteáveis de maior atividade e/ou menor toxicidade, por exemplo, metformina, nabilona, oxicodona (e outros analgésicos narcóticos), taxotere, teniposida, verapamil e miodarona, que se baseiam, respetivamente, na galegina, no A9-tetra-hidrocanabinol, na morfina, no taxol, na podofilotoxina, na quelina e na quelina;

c) Utilizar agentes como ferramentas farmacológicas, por exemplo, dietilamida do ácido lisérgico, mescalina, ioimbina; e

d) Utilizar a planta inteira ou parte dela como um remédio herbal, por exemplo, arando, equinácea, matricária, alho, etc. O número de espécies de plantas superiores (angiospérmicas e gimnospérmicas) no planeta está estimado em 250 000 **(Ayensu & DeFilipps, 1978)**, com um nível inferior de 215 000 **(Cronquist, 1981; Cronquist, 1988)** e um nível superior de 500 000 **(Tippo & Stern, 1977; Schultes, 1972)**. Destas, apenas cerca de 6% foram analisadas quanto à atividade biológica e cerca de 15% foram avaliadas fitoquimicamente **(Verpoorte, 2000).**

Capítulo 2

2. REVISÃO DA LITERATURA

A água é essencial para a manutenção da vida e todos devem dispor de um abastecimento satisfatório (adequado, seguro e acessível). Melhorar o acesso à água potável segura pode resultar em benefícios tangíveis para a saúde. Devem ser envidados todos os esforços para obter uma qualidade de água potável tão segura quanto possível **(OMS, 2004).** As doenças diarreicas matam cerca de 1,8 milhões de pessoas todos os anos **(OMS, 2005).** Entre as crianças com menos de cinco anos nos países em desenvolvimento, a diarreia é responsável por 17% de todas as mortes **(Nações Unidas, 2006)**. O Banco Mundial estima que 21% das doenças transmissíveis na Índia estão relacionadas com a água. Só a diarreia matou mais de 700.000 indianos em 1999 (estimativa) - mais de 1.600 mortes por dia. A maior mortalidade por diarreia é registada em crianças com menos de cinco anos, o que realça a necessidade urgente de intervenções específicas para prevenir a doença diarreica neste grupo etário **(Justin e Sunita, 2002)**.

O abastecimento de água potável e o saneamento ambiental são vitais para a proteção do ambiente, a melhoria da saúde e a redução da pobreza. As doenças, o trabalho árduo e milhões de mortes todos os anos são diretamente atribuíveis à falta destes serviços essenciais. Os pobres, especialmente as mulheres e as crianças, são as principais vítimas. A vigilância da qualidade da água potável pode ser definida como "a avaliação contínua e vigilante da saúde pública e a análise da segurança e aceitabilidade do abastecimento de água potável". A vigilância da qualidade da água potável contribui para a proteção da saúde pública, promovendo a melhoria da qualidade, da quantidade, da acessibilidade, da cobertura, da acessibilidade dos preços e da continuidade do abastecimento de água potável. Estes são designados por "indicadores de serviço". A autoridade responsável por este tipo de atividade varia de país para país e de região para região. Tal atividade envolve uma abordagem colaborativa de várias agências para áreas específicas dentro do ciclo da água na gestão da qualidade da água **(OMS, 2004).**

A água é o componente mais necessário para o ser vivo. A vida na terra nunca é possível sem água, que é um dos elementos mais vitais do ambiente humano. Está a ser utilizada para muitos fins, por exemplo, abastecimento de água industrial, irrigação, consumo, propagação de peixes e outros sistemas aquáticos e produção de centrais hidroeléctricas. A água é a principal fonte de energia e rege a evolução da Terra. 71% da superfície terrestre é coberta por água **(CIA, 2008),** 96,5% da água do mundo é água do mar, que é salgada e não pode ser diretamente útil para fins de irrigação, consumo, domésticos e industriais. 1,7% é água subterrânea, 1,7% é água dos glaciares e das calotes polares. Menos de 1% da água está presente em lagoas, lagos, rios, barragens, etc., que é utilizada pelo homem para

Para fins industriais, domésticos e agrícolas. No ecossistema, a água é considerada o componente mais importante para a vida, mas, de dia para dia, a qualidade da água degrada-se. Existem vários factores responsáveis pela deterioração das massas de água, tais como o aumento da população humana, a industrialização, a utilização de fertilizantes em excesso na agricultura e outras actividades humanas, etc. Foram identificadas várias doenças entre os seres humanos, que são causadas pela utilização de água contaminada. As infecções por doenças de origem hídrica ocorrem durante a lavagem, o banho e o consumo de água contaminada durante a preparação de alimentos. Por conseguinte, é necessário que a qualidade da água seja verificada a intervalos regulares, porque as perdas financeiras devidas a doenças de origem hídrica têm um impacto negativo na nação.

A água é um dos compostos mais abundantes na Terra, cobrindo aproximadamente três quartos da superfície terrestre. A maior parte da água disponível na Terra é de natureza salina; apenas uma pequena quantidade existe como água doce. A água doce tornou-se um bem escasso devido à exploração excessiva e à poluição **(Ghose e Basu, 1968; Gupta e Shukla, 2006; Patil e Tijare, 2001; Singh e Mathur, 2005)**. Os resíduos industriais, de esgotos e municipais são continuamente adicionados aos reservatórios de água, afectando a qualidade físico-química da água e tornando-a imprópria **(Dwivedi e Pandey, 2002). A** descarga descontrolada de águas residuais domésticas nos lagos resultou na eutrofização dos lagos **(Pandey e Pandey, 2003)**. As propriedades físico-químicas (pH, condutividade, CO2 livre, CQO, alcalinidade, clorinidade-salinidade, iões como Na+ e K+) da água em qualquer sistema aquático são em grande parte regidas pelas condições meteorológicas existentes e são essenciais para determinar o estado estrutural e funcional da água natural. O estado hidrológico da água afecta as actividades de aquicultura, a produtividade dos peixes e a composição das espécies da fauna aquática, a eutrofização e a perda global de biodiversidade que resulta na degradação do ecossistema do tanque. A magnitude e a dinâmica da reação de oxidação-redução de vários elementos presentes na água desempenham um papel importante na regulação da maior parte dos comportamentos químicos, bioquímicos e microbianos na água do tanque, bem como na manutenção de condições ambientais favoráveis.

As principais mudanças associadas às propriedades electroquímicas da água do tanque são reflectidas pelo pH e pela condutividade eléctrica. As gamas de pH neutro a ligeiramente alcalino para a água são consideradas congénitas para a produção aquática devido à maior disponibilidade da maioria dos elementos nutritivos e também devido ao aumento das actividades biológicas nesta gama de pH. Para além de fornecer nutrientes, o potássio e o sódio são componentes importantes da saturação de bases do solo do tanque e mantêm o pH alcalino no ambiente do tanque. O bicarbonato (HCO3 -) e o carbonato (CO3 2-) constituem os principais aniões no ecossistema dos tanques de peixes e fornecem CO2 na água, que é necessário para a fotossíntese. O hidroxilo (OH-) está ocasionalmente presente, especialmente em condições altamente alcalinas. Existe uma grande variedade de substâncias orgânicas na água dos tanques. A carência química de oxigénio (COD) da água fornece uma medida da matéria orgânica na água.

Em termos gerais, os maiores riscos microbianos estão associados à ingestão de água contaminada com fezes humanas ou animais. As descargas de águas residuais em águas doces e águas marinhas costeiras são a principal fonte de microrganismos fecais, incluindo agentes patogénicos **(OMS, 2008; Fenwick, 2006; George et al., 2001; Grabow, 1996)**.

As doenças diarreicas microbianas agudas constituem um importante problema de saúde pública nos países em desenvolvimento. As pessoas afectadas pelas doenças diarreicas são as que dispõem de menos recursos financeiros e de instalações de higiene mais precárias. As crianças com menos de cinco anos, principalmente nos países asiáticos e africanos, são as mais afectadas pelas doenças microbianas transmitidas pela água **(Seas et al., 2000)**.

As doenças microbianas transmitidas pela água também afectam os países desenvolvidos. Nos EUA, estima-se que todos os anos 560.000 pessoas sofram de doenças graves transmitidas pela água e 7,1 milhões sofram de infecções ligeiras a moderadas, resultando em cerca de 12.000 mortes por ano **(Medema et al., 2003)**.

As doenças bacterianas mais importantes transmitidas pela água estão listadas na **Tabela 1 (Cabral, 2000)**

Tabela 2.1 As principais doenças bacterianas transmitidas através da água potável.

Doença	**Agente bacteriano causal**
Cólera	Vibrio cholerae, serovariedades O1 e O139
Gastroenterite causada por vibriões	Principalmente Vibrio parahaemolyticus
Febre tifoide e outras salmoneloses graves	Salmonella enterica subsp. enterica serovar Paratyphi
	Salmonella enterica subsp. enterica serovar Typhi
	Salmonella enterica subsp. enterica serovar Typhimurium
Disenteria bacilar ou shigelose	Shigella dysenteriae

	Shigella flexneri
	Shigella boydii
	Shigella sonnei
Diarreias agudas e gastroenterites	Escherichia coli, especialmente serotipos como O148, O157 e O124

As bactérias constituem a forma de vida mais bem sucedida nos habitats ambientais. A principal razão para este sucesso é a plasticidade fenotípica. É a capacidade de um genótipo bacteriano responder fenotipicamente a estímulos ambientais, mais do que o poder do seu repertório genético, que produziu o desenvolvimento extensivo das bactérias. Uma estratégia fenotípica geral tornou-se pouco a pouco aparente em muitas estirpes de bactérias, à medida que fomos compreendendo melhor o estilo de vida que estes organismos são capazes de adotar em resposta a condições de crescimento variáveis. A observação direta de uma grande variedade de ecossistemas aquáticos naturais como habitats de água potável estabeleceu que as células de Pseudomonas spp., que são espécies bacterianas omnipresentes, respondem a condições favoráveis de nutrientes aderindo a superfícies orgânicas ou inorgânicas disponíveis e através de fissão binária e produção de exopolímeros para desenvolver biofilmes maduros. Estas células Gram-negativas em forma de bastonete crescem predominantemente neste modo séssil fechado pela matriz, no qual estão protegidas de condições ambientais adversas e de agentes químicos antibacterianos. Assim, a maioria dos microrganismos persiste ligada a uma superfície com um ecossistema de biofilme estruturado e não como células flutuantes, como referido por **H. Leclerc**...
Os estudos mais notáveis com espécies de P. aeruginosa **(Costerton et al., 1995) mostraram** que a transformação do biofilme planctónico é controlada por um fator o que é semelhante ao que controla a esporulação em bactérias Gram-positivas. As bactérias de biofilme poderiam ser o produto de uma alteração fenotípica dirigida por um fator o numa grande cassete de genes. A inversão desta alteração dirigida pelo fator O daria origem a células com o fenótipo planctónico e levaria à separação destas células planctónicas do biofilme. Os dados sugerem que o estilo de vida planctónico é favorável à disseminação e à persistência numa forma de sobrevivência, enquanto o estado séssil do biofilme é favorável ao crescimento. O pressuposto de ciclos de vida no desenvolvimento de bactérias na água potável, incluindo mudanças alternadas entre as fases planctónica e de fixação à superfície, é particularmente atrativo para a compreensão da persistência e, por vezes, do crescimento de microrganismos patogénicos em sistemas de distribuição de água potável **(Szewzyk et al., 2000)**.
Outro fator que pode promover o crescimento de bactérias em sistemas de água potável é a disponibilidade de carbono orgânico ou outros compostos limitantes, como o fosfato. Ambientes com baixo teor de nutrientes, denominados ambientes oligotróficos, carecem principalmente de matéria orgânica para o crescimento de bactérias heterotróficas. A limitação ou inanição relativamente a um ou mais nutrientes é comum na maioria das bactérias em ambientes naturais, como as águas superficiais ou subterrâneas utilizadas como fonte de água potável. Por conseguinte, pode assumir-se que as características mais importantes a considerar no destino dos ecossistemas de água potável são as bactérias que crescem em biofilme (fundamentalmente bactérias heterotróficas de contagem de placas, ou HPC) e o seu estilo de

vida de sobrevivência por inanição, tal como referido por **H. Leclerc**.

A água sempre foi um dos recursos naturais mais importantes. Para garantir a segurança dos abastecimentos críticos de água, há décadas que a indústria da água utiliza técnicas baseadas em culturas para avaliar e prever a contaminação microbiana da água. Embora os métodos convencionais tenham sido aceites como a norma de ouro para a identificação de microrganismos patogénicos, esse diagnóstico demora dias ou mesmo semanas. Este lapso de tempo não será apreciado com o aparecimento de possíveis ameaças biológicas nas nossas águas **(Yang et al., 2008).**

Os recursos hídricos, tais como barragens, charcos, rios desprotegidos e nascentes para uso doméstico e outros usos da água, são comuns, particularmente nas comunidades rurais onde o acesso ao abastecimento de água potável é limitado **(Younes e Bartram, 2001)**. Em muitos países em desenvolvimento com saneamento inadequado, a contaminação fecal das águas ambientais por agentes patogénicos entéricos é muito comum e a água dos rios é a principal fonte de agentes patogénicos microbianos (**Sharma et al., 2010**). A água pode albergar bactérias patogénicas, vírus, protozoários e parasitas responsáveis pelas infecções emergentes mais generalizadas que são a principal causa de morte a nível mundial. Estes agentes patogénicos são de natureza diversa, colocando em risco todas as comunidades (**Sarkar et al., 1999).**

A qualidade da água nestes rios tem sido prejudicada, em parte devido à contaminação frequente das fontes de água com uma série de microrganismos patogénicos provenientes de actividades humanas e animais, que resultam na propagação de doenças diarreicas **(Meays et al., 2004).** Os agentes patogénicos transmitidos pela água são disseminados através da água potável contaminada ou da exposição à água contaminada durante a natação ou a participação noutras actividades, ou secundariamente através de alimentos contaminados com água estragada (**Rose et al., 2001**).

Os agentes patogénicos microbianos na água incluem vírus, bactérias e protozoários **(Girones et al., 2010**). Os organismos patogénicos são componentes normais de todos os ecossistemas, mas a contaminação microbiológica com bactérias fecais subsequentes à atividade antropogénica é considerada uma questão crucial em todos os rios e especialmente na bacia do Danúbio (**Bayoumi Hamuda & Patko, 2012).** Os agentes patogénicos humanos e animais de origem entérica são considerados contaminantes importantes do ambiente, com transmissão através do solo, da agricultura, da água e dos sedimentos (**Bonetta et al., 2011).**

A contaminação dos recursos hídricos por poluentes fecais representa riscos significativos para a saúde humana e animal, uma vez que numerosos agentes patogénicos estão frequentemente associados às fezes **(Reischer et al., 2008).** As bactérias são as formas de vida mais amplamente distribuídas. O comprimento das bactérias patogénicas varia entre aproximadamente 0,4 e 14 mm (mm ou "micrómetro" equivale a um milésimo de milímetro) e a largura entre 0,2 e 1,2 mm. Os principais agentes patogénicos bacterianos responsáveis por doenças transmitidas pela água incluem a legionella, a salmonellatyphi, a shigella e o vibrio cholera.

Em particular, as infecções transmitidas pela água, como a febre tifoide, a cólera, a disenteria e a diarreia dos viajantes, causadas por diferentes tipos de agentes patogénicos virais, representam um grande perigo para a saúde pública (**Wiley et al., 1997**), especialmente nos países em desenvolvimento. O espetro de infecções transmitidas pela água está também a expandir-se e muitas doenças infecciosas que se pensava estarem vencidas estão a aumentar (**Rev et al., 1997**). Para garantir a saúde pública, é necessária uma monitorização regular dos agentes patogénicos transmitidos pela água. O objetivo deste estudo é analisar diferentes massas de água (mar, rios, lagos e lagoas) para detetar a presença de espécies de vibriões e determinar a sua patogenicidade. O conhecimento deste facto ajudará a controlar a gastroenterite associada ao vibrião na Índia, uma vez que a sensibilização das massas para os perigos associados ao consumo de marisco cru ou mal cozinhado será criada.

Vibrio spp. é uma c-Proteobactéria aquática que interage com uma variedade de organismos em habitats estuarinos e marinhos. Vibrio cholerae, Vibrio parahaemolyticus e Vibrio vulnificus são as três espécies mais importantes associadas a doenças humanas **(Thompson et al., 2004).** Os serogrupos de Vibrio cholera O1 (El Tor e biótipos clássicos) e O139 são os principais responsáveis pelas epidemias de cólera, enquanto algumas estirpes de outros serogrupos (não-O1/não-O139) estão também associadas a gastroenterites esporádicas. Todos os anos, milhões de pessoas sofrem de cólera em todo o mundo, especialmente nos países em desenvolvimento **(Sack et al., 2004).** O Vibrio parahaemolyticus é um dos principais agentes patogénicos da gastroenterite transmitida por marisco em todo o mundo, incluindo países desenvolvidos como os EUA e o Japão (**Nair et al., 2007).**

Além disso, o V. Vulnificus pode causar gastroenterite, fasceíte necrosante e infecções de feridas com uma elevada taxa de mortalidade entre os doentes imunocomprometidos **(Jones e Oliver, 2009). Para** além da infeção humana, algumas estirpes de V. Parahaemolyticus e V. Vulnificus podem também causar doenças em organismos aquáticos, incluindo peixes e camarões economicamente importantes **(Thompson et al., 2004).** Estas bactérias pertencem à família Vibrionaceae e são habitantes normais de ambientes estuarinos e marinhos **(Baumann e Schubert, 1984; Oliver e Kaper, 2001).**

O género Vibrio **engloba** espécies de bactérias gram negativas indígenas de águas marinhas e estuarinas. Até à data, **foram** descritas cento e trinta espécies de vibrios e doze foram classificadas como agentes patogénicos para o homem, implicados sobretudo em doenças de origem alimentar ou hídrica **(Thompson et al., 2006).** As consequências sanitárias para a saúde humana e os impactos socioeconómicos destes agentes patogénicos, em particular do V. Cholerae (**Colwell et al., 1977; Colwell, 1996)** e do V. Parahaemolyticus **(Kaneko e Colwell, 1973)** V. Vulnificus **(Oliver et al., 1982)** e V. Cholerae não-O1/não-O139, estão bem documentados.

2.1 Classificação das espécies de vibrio

O nome vibrio foi derivado por Filippo Pacing, que os isolou de doentes com cólera em 1854 e lhes chamou "vibriões" devido à sua motilidade. A classificação do género vibrio é a seguinte

Espécies de Vibrio

Reino:	**Bactéria**
Filo:	**Protobactérias**
Classe:	**Gamma Protobacteria**
Mais antigo:	**Vibrionales**
Família:	**vibrionaceae**

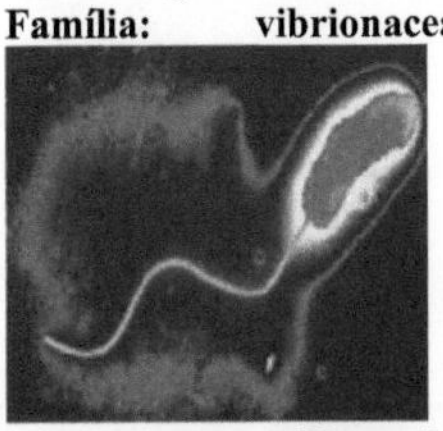

Figura 2.1: Espécies de Vibrio

Vibrio é um género de bactérias gram-negativas que possuem uma forma de haste curva (forma de vírgula**), (Thompson et al., 2005; Rayan et al., 2004; Faruque et al., 2008**), várias espécies das quais podem causar infecções alimentares, normalmente associadas à ingestão de marisco mal cozinhado. Tipicamente encontradas em água salgada, as espécies de vibrio são anaeróbios facultativos que testam positivo para oxidase e não formam esporos (**Madigan et al., 2005**). Todos os membros do género são móveis e têm flagelos polares com bainhas. Foram construídas filogenias recentes com base num conjunto de genes (análise de sequências multilocus) (**Thompson et al., 2005**). O nome vibrio deriva de Filippopacini, que isolou microrganismos a que chamou "vibriões" de doentes com cólera em 1894, devido à sua motilidade.

As espécies de vibriões patogénicos para o homem mais comuns são

2.1.1 Vibrio cholerae

Reino:	**Bactéria**
Filo:	**Protobactérias**
Classe:	**Gamma protobacteria**
Mais antigo:	**Vibrionaceae**
Género:	**Vibrio**
Espécie:	**Cólera**

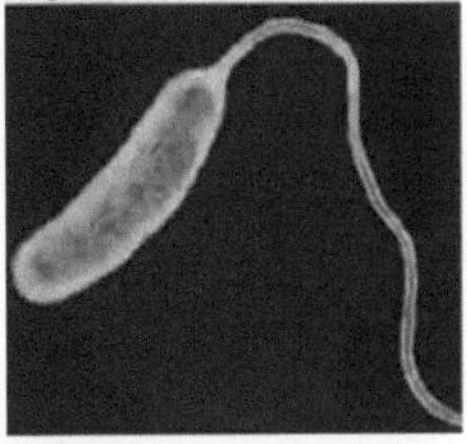

Figura 2.2: Vibrio cholarae

O Vibrio cholerae é uma bactéria gram-negativa, em forma de vírgula. Algumas estirpes de V. cholerae causam a doença cólera. O V. cholera é um organismo anaeróbio facultativo e tem um flagelo num pólo celular. O V. cholerae foi isolado pela primeira vez como a causa da cólera pelo anatomista italiano Filippopacini em 1854, mas a sua descoberta não foi amplamente conhecida até Robert Koch, trabalhando independentemente 30 anos mais tarde, ter divulgado o conhecimento e os meios de combater a doença **(Bentivoglio et al., 1995; Howard et al., 1984)**. Os genes de patogenicidade da V. cholerae codificam proteínas direta ou indiretamente envolvidas na virulência da bactéria. Durante a infeção, a V. cholarae segrega a toxina da cólera, uma proteína que causa diarreia abundante e aquosa.

2.1.2 Vibrio parahaemolyticus

Reino:	**Bactéria**
Filo:	**Protobactérias**
Classe:	**Gamma protobacteria**
Ordem:	**Vibrionales**
Família:	**Vibrionaceae**
Género:	**Vibrio**
Espécie:	**Parahaemolyticus**

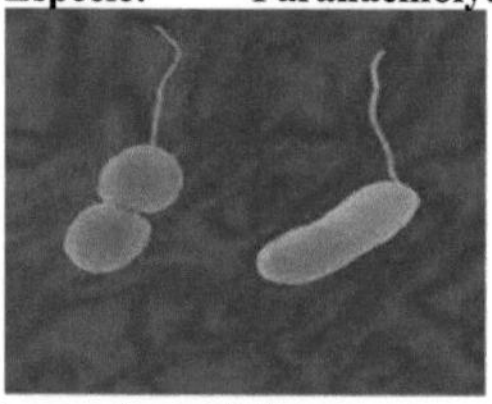

Figura 2.3: Vibrio parahaemolyticus

O Vibrio parahaemolyticus é uma bactéria gram-negativa curva, em forma de bastonete, que se encontra na água salgada salobra e que, quando ingerida, provoca doenças gastrointestinais nos seres humanos. O V. parahaemolyticus é oxidase positivo, facultativamente aeróbico e não forma esporos. Tal como outros membros do género Vibrio, esta espécie é móvel, com um único flagelo polar **(Ryan et al., 2004).**
Embora a infeção possa ocorrer por via fecal oral, a ingestão de bactérias em mariscos crus ou mal cozinhados, normalmente ostras, é a causa predominante da gastroenterite aguda causada por V. parahaemolyticus **(Finkelstein et al.,1996)**. O mecanismo de doença das infecções por V. parahaemolyticus ainda não foi totalmente elucidado
Os hospedeiros do Vibrio parahaemolyticus incluem:

- Clithonretropictus **(Kumazawa et al., 1988)**
- Neritaalbicilla **(Kumazawa et al.,1988)**

2.1.3 Vibrio vulnificus

Reino:	**Bactéria**
Filo:	**Protobactérias**
Classe:	**Gamma protobacteria**
Ordem:	**Vibrionales**
Família:	**Vibrionaceae**
Género:	**Vibrio**
Espécie:	**vulmjicus**

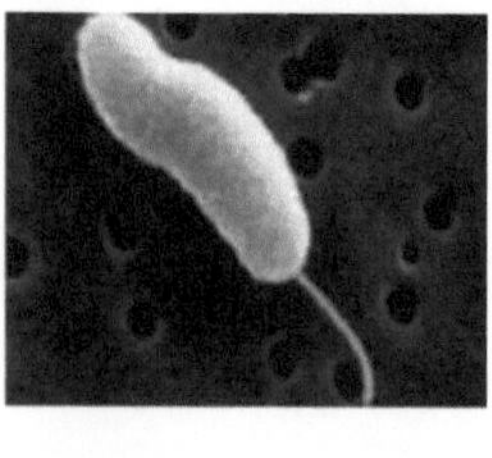

Figura 2.4: Vibrio vurnificus

O Vibrio vulnificus é uma espécie de bactéria Gram-negativa, móvel, curva, em forma de bastonete, do género Vibrio, presente em ambientes marinhos como estuários, lagoas salobras ou zonas costeiras. O V. vulnificus está relacionado com o V. cholera, o agente causador da cólera **(Kaper et al., 2001; Oliver et al., 2005).** Pensa-se que a cápsula constituída por polissacáridos protege contra a fagocitose. A associação observada da infeção com a doença hepática (associada ao aumento do ferro sérico) pode dever-se à capacidade das estirpes mais virulentas de capturar o ferro ligado à transferência. A produção de toxinas desempenha um papel relevante na patogenecidade **(Microbial et al., 2009).**

O V. vulnificus causa uma infeção que ocorre frequentemente após a ingestão de marisco, especialmente ostras cruas ou mal cozinhadas. Não altera o aspeto, o sabor ou o odor das **ostras**. A bactéria também pode entrar no corpo através de feridas abertas ao nadar ou vadear em águas infectadas **(Kaper et al., 2001)** ou através de feridas de punção dos espinhos de peixes como a tilápia ou as arraias. Os sintomas incluem vómitos, diarreia, dores abdominais e uma bolha no dermatite que é por vezes confundida com pênfigo ou penfigoide.

1.1.4 Vibrio mimicus

Reino: **Bactéria**
Filo: **Protobactérias**
Classe: **Gamma protobacteria**
Oder: **Vibrionaceae**
Género: **Vibrio**
Espécie: **mimicus**

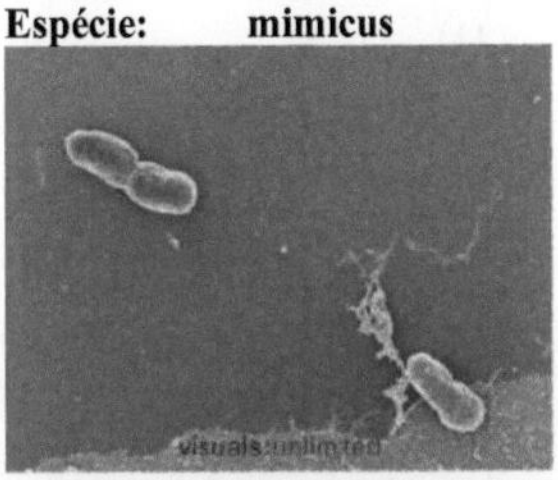

Figura 2.5: Vibrio mimicus

Vibrio mimicus é uma espécie de Vibrio que imita V. cholera, V. mimicus foi reconhecido como uma causa de gastroenterite transmitida por ostras cruas, peixe, ovos de tartaruga, camarões, lulas e lagostins. O V. mimicus, quando transporta genes que codificam a toxina da cólera, pode causar diarreia aquosa grave. Os consumidores e os médicos devem estar cientes de que os produtos de origem marinha e de animais aquáticos manipulados incorretamente podem ser fonte de infecções por V. mimicus. Os consumidores devem evitar a contaminação cruzada de mariscos cozinhados com outros mariscos e sucos de mariscos crus e devem seguir as recomendações da FDA para selecionar os mariscos e prepará-los em segurança **(MacEachern et al., 2010).**

1.1.5 Vibrio alginolyticus

Reino: **Bactéria**
Filo : **Protobacteria**
Classe: **Gamma protobacteria**
Ordem: **Vibrionales**
Família: **Vibrionaceae**
Género: **Vibrio**
Espécie: **algmolyticus**

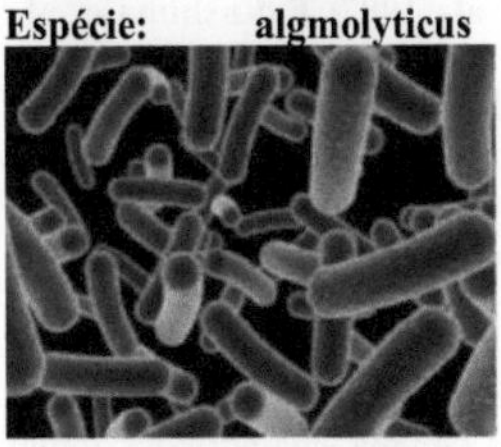

Figura 2.6: Vibrio alginolyticus

O Vibrio alginolyticus é uma bactéria marinha gram-negativa. É importante do ponto de vista médico, uma vez que causa otite e infeção de feridas **(Reilly et al., 2011)**. Também está presente no corpo de animais como o baiacu, onde é responsável pela produção da potente neurotoxina, a tetrodotoxina **(Noguchi et al., 1987)**.

Quadro 2.2 Associação de espécies de Vibrio com diferentes síndromas clínicos

Organismo	**Gastroenterite**	**Infeção da ferida**	**Septicemia primária**
Vibrio alginolyticus	+	++	
Vibrio cholera	++		
Vibrio mimicus	++	(+)	(+)
Vibrio Parahaemolyticus	++	+	(+)
Vibrio vulnificus	+	++	++

+, apresentação menos comum; ++, apresentação comum; (+), apresentação rara.

2.2 Identificação de Vibrio

A identificação de Vibrio através de métodos microbiológicos tradicionais é morosa devido aos muitos testes bioquímicos. O Vibrio alginolyticus, em particular, representa um obstáculo ao diagnóstico, porque muitas vezes ultrapassa o número de outros Vibrio spp. em amostras ambientais e de marisco. O Vibrio alginolyticus é também um parente próximo do V. parahaemolyticus, e os isolados atípicos das duas espécies podem ser difíceis de diferenciar. A reação em cadeia da polimerase (PCR) é amplamente utilizada para auxiliar (e substituir) a microbiologia tradicional, uma vez que permite a identificação rápida de espécies bacterianas e a deteção de genes de virulência. Foram estabelecidos vários métodos de PCR. Estes incluem, por exemplo, a deteção de Vibrio spp. em matrizes alimentares e caldos de enriquecimento **(Brasher et al.,1998; Venkateswaran et al.,1998; Takahashi et al., 2005)**; a identificação de espécies isoladas ou em conjunto com factores de virulência **(Bej et al. ,1999; Kim et al. ,1999; Panickeret al., 2004)**; e a identificação de Vibrio spp. em conjunto com outros agentes patogénicos humanos **(Wang et al., 1997; Fukushima et al., 2003)**.

Um importante fator desta situação nos vibriões é a transferência lateral de genes (LGT). A LGT é o mecanismo de transferência de DNA de uma célula bacteriana para outra sem a necessidade de divisão celular. Segue-se a subsequente incorporação do ADN no genoma dos receptores, de modo a que o ADN possa ser herdado de forma estável, um processo assistido por mecanismos como a recombinação homóloga ou através de uma série de elementos genéticos móveis (MGE), como os transposões e as ilhas genómicas **(Stokes e Gillings et al., 2011)**.

Gugliandolo et al. (2010) investigaram que, para detetar Aeromonas spp., Salmonella spp., Vibrio cholerae, Vibrio parahaemolyticus e Vibrio vulnificus em mexilhões e amostras de água de uma área agrícola, foram aplicados métodos convencionais e moleculares a culturas de enriquecimento. O gene da aerolisina (aero) de Aeromonas spp., o gene do antigénio B do plasmídeo de invasão (ipaB) de Salmonella spp, o gene da proteína de secreção de enterotoxina (epsM) de V. cholerae, a região específica da espécie do gene 16S rRNA de V.

vulnificus, o gene 16S-23S rDNA (IGS) de V. parahaemolyticus e o fragmento pR72H de V. parahaemolyticus foram amplificados por ensaios de reação em cadeia da polimerase (PCR) multiplex em ADN extraído de culturas de enriquecimento. O gene da hemolisina (tdh) do V. parahaemolyticus patogénico também foi amplificado. O método de cultura convencional permitiu o isolamento de V. parahaemolyticus e V. vulnificus da água e dos mexilhões. Os genes aero, epsM e 16S rRNA de V. vulnificus foram ocasionalmente detectados nas culturas de enriquecimento. Nos mexilhões, os genes ipaB e IGS foram detectados de junho a setembro e de abril a novembro, respetivamente. Todos os genes, exceto o aero, foram amplificados em mexilhões colhidos em setembro, altura em que também foram isoladas estirpes patogénicas de V. parahaemolyticus (tdh+). Os ensaios Multiplex-PCR foram mais sensíveis e mais rápidos do que os procedimentos convencionais. Importância e impacto do estudo: Os resultados realçam a necessidade de uma deteção precisa e rápida de agentes patogénicos bacterianos em mexilhões para proteger a saúde humana.
A PCR multiplex mostrou uma especificidade muito elevada para a deteção de V. Penaeicida e V. Nigripulchritudo (inclusividade e exclusividade de 100%) e permitiu-nos detetar a propagação de isolados altamente patogénicos de V. Nigripulchritudo para uma exploração agrícola adjacente à "zona do Síndrome de verão". Este ensaio representa uma ferramenta de diagnóstico simples, rápida e económica para implementar decisões de gestão de risco atempadas, mas também para compreender a distribuição sazonal e geográfica destes agentes patogénicos, tal como descrito por **Labreuche et al. (2012).**
Momtaz et al.(2013) referiram que a qualidade da água potável tem um papel importante nas infecções e doenças humanas. Este estudo teve por objetivo comparar a reação em cadeia da polimerase e a cultura na deteção de Escherichia coli, espécies de Salmonella e Vibrio cholera na água da torneira e na água potável engarrafada em várias estações do ano na província de Isfahan, no Irão. Foram colhidas 448 amostras de água da torneira e de água mineral engarrafada durante 6 meses, de julho de 2010 a dezembro de 2010, e, após filtração, as amostras foram examinadas pelos métodos de cultura e de reação em cadeia da polimerase para deteção de Escherichia coli, espécies de Salmonella e Vibrio cholerae. O método de cultura revelou que 34 (7,58%), 4 (0,89%) e 3 (0,66%) de todas as 448 amostras de água eram positivas para Escherichia coli, espécies de Salmonella e Vibrio cholerae, respetivamente. O gene uidA da Escherichia coli, o gene IpaB das espécies de Salmonella e o gene epsM do Vibrio cholera foram detectados em 38 (26,38%), 5 (3,47%) e 3 (2,08%) das 144 amostras de água da torneira, respetivamente. A Escherichia coli foi detectada em 8 (2,63%) de 304 amostras de água potável engarrafada de 5 empresas. A água da parte sul de Isfahan e da empresa 5 registou a maior prevalência de bactérias. A contaminação da água por Escherichia coli foi significativamente mais elevada ($P < 0,05$) nas estações quentes (julho-agosto) do que nas estações frias (novembro-dezembro) e na empresa 5 do que nas outras empresas. Registaram-se diferenças significativas ($P < 0,05$) na prevalência de bactérias entre as águas da torneira da parte sul e as águas da torneira da parte central de Isfahan. Este estudo demonstrou que os ensaios de reação em cadeia da polimerase podem ser uma abordagem extremamente precisa, rápida, segura, sensível e específica para monitorizar a qualidade da água potável proveniente de instalações de purificação e de empresas de água engarrafada. Além disso, o nosso estudo confirmou a presença de Escherichia coli, espécies de Salmonella e Vibrio cholerae como agentes patogénicos de origem hídrica na água da torneira e na água potável engarrafada de Isfahan, no Irão. O presente estudo mostrou o importante problema de saúde pública em Isfahan, no Irão.
Zhaoguang et al. (2008) afirmaram que, de todos os recursos naturais, a água sempre foi um dos mais importantes. Para garantir a segurança dos abastecimentos críticos de água, há décadas que a indústria da água utiliza técnicas baseadas em culturas para avaliar e prever a contaminação microbiana da água. Embora os métodos convencionais tenham sido aceites como a norma de ouro para a identificação de microrganismos patogénicos, esse diagnóstico demora dias ou mesmo semanas. Este lapso de tempo não será apreciado com o aparecimento de possíveis ameaças biológicas nas nossas águas. Além disso, alguns organismos microbianos (por exemplo, E. coli.) podem passar de um estado facilmente cultivável para um estado viável mas não cultivável (VBNC), sugerindo assim falsamente que não estão presentes quando o teste de deteção é efectuado utilizando o método de cultura. Além disso, cerca de 99% dos micróbios presentes na água continuam por identificar devido a uma compreensão inadequada das condições reais em que os microrganismos sobrevivem. Este é um obstáculo fundamental para a compreensão da diversidade e das actividades microbianas no sistema hídrico.
Dixit et al. (2009) investigaram que este documento descreve a utilização de diferentes técnicas analíticas para a deteção de agentes patogénicos transmitidos pela água. Aborda a breve informação sobre o desenvolvimento de novas técnicas de diagnóstico e monitorização disponíveis e explica o seu importante papel na gestão do risco de doenças relacionadas com a água. As novas técnicas ajudarão a desenvolver fortes sistemas de alerta precoce, diagnósticos de campo fiáveis, tratamentos e uma remediação mais eficaz dos impactos dos microrganismos nocivos. O documento propõe que os futuros desenvolvimentos nas tecnologias de deteção

de sinais e de miniaturização proporcionarão monitorização e diagnóstico em tempo real para uma avaliação rápida dos agentes patogénicos microbianos.

Girones et al. (2010) referem que a poluição da água por esgotos e escoamento de explorações agrícolas constitui um grave problema de saúde pública em muitos países. Os vírus, juntamente com as bactérias e os protozoários presentes no intestino ou na urina, são libertados e transportados através do sistema de esgotos. Mesmo em países altamente industrializados, os agentes patogénicos, incluindo os vírus, estão presentes em todo o ambiente. Os métodos moleculares são utilizados para monitorizar os agentes patogénicos virais, bacterianos e protozoários e para localizar marcadores específicos dos agentes patogénicos e das fontes no ambiente. As técnicas moleculares, especificamente os métodos baseados na reação em cadeia da polimerase, fornecem ferramentas analíticas sensíveis, rápidas e quantitativas para estudar esses agentes patogénicos, incluindo estirpes novas ou emergentes. Estas técnicas são utilizadas para avaliar a qualidade microbiológica dos alimentos e da água e para avaliar a eficiência da remoção de vírus em estações de tratamento de água potável e de águas residuais. A gama de métodos disponíveis para a aplicação de técnicas moleculares aumentou e os custos envolvidos diminuíram. Estes desenvolvimentos permitiram a potencial normalização e automatização de certas técnicas.

Em alguns casos, facilitam a identificação, a genotipagem, a enumeração, a avaliação da viabilidade e o rastreio da fonte de contaminação humana e animal. Além disso, as recentes melhorias nas tecnologias de deteção permitiram a deteção simultânea de múltiplos alvos num único ensaio. No entanto, as técnicas moleculares atualmente disponíveis e as que estão a ser desenvolvidas necessitam de ser aperfeiçoadas para serem normalizadas e aplicáveis a uma diversidade de matrizes. Os tratamentos de desinfeção da água podem ter um efeito sobre a viabilidade dos agentes patogénicos e os números obtidos pelas técnicas moleculares podem sobrestimar a quantificação dos microrganismos infecciosos. São discutidos os prós e os contras das técnicas moleculares para a deteção e quantificação de agentes patogénicos na água

Jin et al. (2013) dataram que a deteção quantitativa da toxina de Vibrio cholerae (CT) em isolados e amostras de fezes através da monitorização dinâmica do curso completo da citotoxicidade mediada por CT num sistema de análise celular em tempo real (RTCA). Quatro linhas celulares, incluindo células tumorais adrenais de ratinho Y-1, células de ovário de hamster chinês (CHO), células epiteliais do intestino delgado (FHs74Int) e células da glândula adrenal de ratinho (PC12-Adh), foram avaliadas quanto à sua adequação para o teste de citotoxicidade induzida por CT. Entre elas, a linha Y-1 demonstrou ser a mais sensível para a citotoxicidade mediada por CT, com limites de deteção de 7,0 pg/ml para CT purificada e 0,11 ng/ml para CT adicionada em amostras de fezes negativas agrupadas. Não foi observada citotoxicidade mediada por CT para V. cholerae não-toxigénico, espécies de V. Cholerae, espécies não V. Cholerae ou enterotoxinas não V. Cholera, ou enterotoxinas não V. Cholera. O ensaio CT-RTCA foi ainda validado com 100 amostras de fezes colhidas consecutivamente de doentes com diarreia e 200 isolados de V. cholerae recuperados de doentes e do ambiente, em comparação com uma referência utilizando três métodos de deteção. O ensaio CT-RTCA apresentou sensibilidades e especificidades de 97,5% e 100,0%, respetivamente, para o isolado de V. cholerae e 90,0% e 97,2% para as amostras de fezes. Para amostras de fezes com concentrações de CT que variaram entre 3,5 pg/ml e 1,8 ng/ml, o tempo de inoculação para deteção foi de 1,12_0,38 h e os valores foram inversamente correlacionados com as concentrações de CT. Os resultados indicam que o ensaio CT-RTCA com a linha celular Y-1 fornece uma ferramenta rápida e sensível para a deteção quantitativa de actividades de CT em amostras clínicas

O'Boyle et al. (2014) afirmaram que o Vibrio parahaemolyticus provoca gastroenterite através da implantação de Sistemas de Secreção de Tipo III (TTSS) para fornecer proteínas efectoras às células epiteliais do trato intestinal humano. As bactérias têm de aderir às células humanas para permitir a colonização e o funcionamento do aparelho de translocação TTSS que faz a ponte entre a bactéria e a célula hospedeira. Este artigo começa por analisar os avanços recentes na identificação das moléculas responsáveis pela adesão intercelular. O V.parahaemolyticus possui dois TTSS, cada um dos quais fornece um conjunto exclusivo de efectores e medeia efeitos únicos na célula hospedeira. Os efectores do TTSS visam principalmente e alteram o estado de ativação das proteínas de sinalização da célula hospedeira, provocando assim alterações na regulação do comportamento celular. O TTSS1 é responsável pela citotoxicidade do V. parahaemolyticus, enquanto o TTSS2 é necessário para a enterotoxicidade do agente patogénico. Publicações recentes elucidaram a função de vários efeitos e a sua importância na virulência da bactéria. Esta revisão explorará a capacidade de manipulação das actividades das células intestinais humanas e a forma como esta modificação da função celular favorece a colonização bacteriana e a persistência do V.parahaemolyticus no hospedeiro.

Gladney et al. (2010) afirmaram que caracterizaram 18 isolados de Vibrio, incluindo 15 recuperados de espécimes clínicos humanos, e descobriram que se agrupavam com dois isolados de Vibrio navarrensis previamente caracterizados numa análise filogenética. Quatro das 18 estirpes podem representar uma nova espécie de Vibrio, distinta do V. navarrensis. O papel potencial do V. navarrensis na doença humana necessita de uma investigação mais aprofundada.

Liu et al. (2011) datam que a diarreia pode ser causada por uma série de agentes patogénicos, incluindo várias bactérias. Os métodos de diagnóstico convencionais, como a cultura, os testes bioquímicos e o ensaio de sorção imune ligado a enzimas (ELISA), são laboriosos. Desenvolvemos um ensaio PCR-Luminex de 7 complexos para detetar simultaneamente várias das principais bactérias causadoras de diarreia diretamente em amostras fecais, incluindo Aeromonas patogénicas, Campylobacter jejuni, Campylobacter coli, Salmonella, Shigella, Escherichia coli enteroinvasiva (EIEC), Vibrio e Yersinia. Incluímos um controlo extrínseco para verificar a extração e a amplificação. O ensaio foi primeiro validado com estirpes ou isolados de referência e apresentou um limite de deteção de 103 a 105 CFU/g de fezes para cada agente patogénico, bem como uma deteção quantitativa até 109 CFU/g. Foi avaliado um total de 205 espécimes fecais clínicos de indivíduos com diarreia, previamente cultivados para agentes patogénicos entéricos e testados para Campylobacter por ELISA. Utilizando estes métodos predicados como padrões, as sensibilidades e especificidades do ensaio PCR-Luminex foram de 89% e 94% para Aeromonas, 89% e 93% para Campylobacter, 96% e 95% para Salmonella, 94% e 94% para Shigella, 92% e 97% para Vibrio, e 100% e 100% para Yersinia, respetivamente. Todos os resultados discrepantes foram posteriormente examinados por ensaios de PCR em tempo real multiplex simples, visando diferentes regiões de genes, que revelaram 89% (55/62 resultados) de concordância com o ensaio PCR-Luminex. Os sinais fluorescentes obtidos com esta abordagem apresentaram uma correlação estatisticamente significativa com os valores do limiar do ciclo (CT) dos ensaios de PCR em tempo real cognatos ($P<0{,}05$). Este ensaio multiplex PCR-Luminex permite a deteção sensível, específica e quantitativa das principais causas bacterianas de gastroenterite.

Duanet al. (2014) referiram que desenvolveram um esquema de tipagem de sequências multi-locus (MLST) e utilizaram-no para estudar a estrutura da população e as relações evolutivas de três espécies patogénicas espécies de Yersinia. O MLST destas três espécies de Yersinia revelou um complexo de dois grupos, um composto por Yersinia pseudotuberculosis e Yersinia pestis e o outro composto por Yersinia enterocolitica. No primeiro grupo, a sequência predominante de Y. Pestis tipo 90 (ST90) estava ligada à Y. pseudotuberculosisST43 por uma diferença de locus, e 81,25% das estirpes ST43 eram do serótipo O:1b, apoiando a hipótese de que Y. Pestis descendia do serótipo O:1b de Y. pseudotuberculosis. Também descobrimos que os sorotipos O:1a, O:1b e O:3, prevalentes em todo o mundo, eram predominados por STs específicos. O segundo grupo consistiu em estirpes patogénicas e não patogénicas de Y. Enterocolitica, duas das quais podem não ter STs idênticos. As estirpes patogénicas de Y. Enterocolitica formaram um grupo relativamente conservado; a maioria das estirpes agrupou-se em ST186 e ST187. Os serotipos O:3, O:8 e O:9 foram separados em três blocos distintos. As STs não patogénicas de Y. enterocolitica eram mais heterogéneas, reflectindo a diversidade genética através da evolução. Ao fornecer um procedimento MLST melhor e eficaz para utilização com a comunidade de Yersinia, foram obtidas informações e conhecimentos valiosos sobre as diferenças genéticas evolutivas destes agentes patogénicos.

Moore et al. (2015) datam que, desde que a cólera apareceu em África durante a década de 1970, têm sido notificados casos no continente todos os anos. Na África Subsariana, os surtos de cólera concentram-se principalmente em determinados pontos críticos, incluindo a Região dos Grandes Lagos Africanos e a África Ocidental. Neste estudo, aplicámos a tipagem MLVA (Multi-Locus Variable Number Tandem Repeat Analysis) de 337 isolados de Vibrio cholerae provenientes de epidemias recentes de cólera na República Democrática do Congo (RDC), Zâmbia, Guiné e Togo. O nosso objetivo era avaliar a relação entre os surtos. Aplicando este método, identificámos 89 haplótipos MLVA únicos na nossa coleção de isolados. A tipagem MLVA revelou a divergência a curto prazo e a microevolução destas populações de Vibrio cholerae para fornecer informações sobre a dinâmica dos surtos de cólera em cada país. As nossas análises também revelaram um forte agrupamento geográfico. Os isolados da região africana dos Grandes Lagos (RDC e Zâmbia) formaram um grupo estreitamente relacionado, enquanto os isolados da África Ocidental (Togo e Guiné) constituíram um grupo separado.

Robins et al.(2014) referiram que foram aplicadas abordagens genómicas e bioinformáticas modernas para interrogar o genoma da V. cholera, o papel dos elementos genómicos na doença da cólera e a origem, parentesco e disseminação de estirpes epidémicas. Um atributo universal das estirpes colerogénicas inclui um repertório de ilhas de patogenicidade e genes de virulência, nomeadamente o profago CTX-D e o Pilus Co-regulado por Toxina (TCP), para além de outros elementos genéticos virulentos, incluindo os referidos como Sétima Ilha Pandémica. Durante a última década, o advento da sequenciação de nova geração (NGS) forneceu sequências genómicas altamente resolvidas e frequentemente completas de isolados epidémicos, para além de estirpes clínicas e ambientais isoladas de regiões geograficamente não ligadas. As comparações genómicas destas estirpes, tal como foi feito durante e após o surto haitiano de 2010, revelam que a maioria das estirpes epidémicas parecem estar estreitamente relacionadas, independentemente da região de origem. As estirpes clínicas ou ambientais não-O1 podem também possuir algumas ilhas de virulência; mas a análise filogénica do genoma central sugere que são mais diversas e distantes do que as isoladas durante as epidemias. Tal como no Haiti, os estudos genómicos que examinam tanto o núcleo do Vibrio como o pan-genoma, para além dos polimorfismos de nucleótido único (SNP), concluem que várias epidemias são causadas por estirpes que se assemelham muito às da Ásia e que, muitas vezes, parecem ter origem nesse país e depois espalhar-se globalmente. A acumulação de SNP nas estirpes epidémicas ao longo do tempo pode então ser aplicada para compreender melhor a evolução do genoma da V. cholerae como agente anetiológico.

Ahmed et al. (2012) referiram que, tradicionalmente, a abordagem de diagnóstico mais comum utilizada para diagnosticar a leptospirose era a demonstração da conversão imuno-soro em amostras de soro de doentes agudos e convalescentes. Recentemente, foi desenvolvida uma variedade de técnicas moleculares, incluindo a reação em cadeia da polimerase (PCR) convencional e em tempo real, para a deteção específica de bactérias patogénicas do género Leptospira. A PCR é uma técnica sensível, específica e rápida que tem sido utilizada com êxito para detetar vários microrganismos, incluindo os de importância clínica. Neste estudo, desenvolvemos um ensaio de PCR multiplex (mPCR) para detetar o ADN da Leptospira. O ensaio mPCR detecta tanto o gene 16S rRNA como o gene da principal lipoproteína da membrana externa, conhecida como LipL32. Foram testadas seroconversões representativas de 10 espécies de Leptospira e de 23 outras espécies de bactérias. Obteve-se um resultado positivo em todos os sorovares de leptospira. A sensibilidade da amplificação para o ensaio multiplex foi de 21,8 pg e 1 x 103 leptospiras/ml. Este ensaio mPCR tem o potencial de facilitar um diagnóstico rápido e sensível da leptospirose aguda. O ensaio mPCR desenvolvido neste estudo pode ser utilizado para a deteção precoce da leptospirose. O gene LipL32 também poderia servir como outro alvo para ajudar na deteção eficiente da infeção por leptospiras, uma vez que a utilização de 2 conjuntos de primers na mPCR aumenta a sensibilidade e a especificidade do teste.

Onyedikachukwu et al. (2013) dataram que as amostras de lagostins, lagostas e água do mar recolhidas em cinco ilhas de pesca na costa atlântica - Baía de Biafra (Bonny) - pertencentes à área do governo local de Ibaka do estado de Akwa-Ibom da Nigéria foram avaliadas bacteriologicamente em ágar tiossulfato citrato bile-sal sacarose (TCBS) para a carga de Vibrio e patótipos. As contagens médias de log10 Vibrio de 7,64D}2,78cfu/g (em lagostins), 5,07D}3,21 cfu/g (em lagosta), e 3,06 □ }2,27 cfu/mL (em água do mar) foram obtidas na estação chuvosa (junho-julho) enquanto as contagens na estação seca (novembro-dezembro) foram de 6,25^}1,93 cfu/g, 5,99^}1,54 cfu/g, e 3,84^}1,78 cfu/mL respetivamente. As medições físico-químicas (temperatura, pH e solutos totais dissolvidos) da água do mar não variaram significativamente nas duas estações em todas as cinco ilhas. As espécies de Vibrio isoladas foram Vibrio cholerae (serotipos O1 e não O1), V. parahaemolyticus, V. vulnificus, V. mimicus e V. fluvialis. Foram encontrados os subtipos Ogawa e Inaba do serótipo O1 de V. cholerae. Para além disso, o subtipo Hikojima, que não tinha sido previamente registado na região, foi isolado em duas amostras. Os resultados mostram que estas espécies de Vibrio são endémicas na área.

Ibrahim et al. (1992) afirmaram que a técnica da reação em cadeia da polimerase foi utilizada para desenvolver um ensaio de diagnóstico rápido para a deteção de estirpes patogénicas de Yersinia enterocolitica. O ensaio visava um trecho de 163 pb do gene yst e podia ser aplicado tanto a culturas puras como a ADN bruto extraído de fezes. O par de iniciadores definido amplificou a sequência visada apenas a partir de estirpes patogénicas e de amostras fecais semeadas com a estirpe do serótipo 0:3 de Y. enterocolitica, ao passo que nem as estirpes não patogénicas nem as fezes normais produziram quaisquer fragmentos amplificados das outras espécies de Yersinia e das espécies não Yersinia testadas, tendo apenas duas estirpes de Y. kristensenii produzido o mesmo produto amplificado. Uma sonda de oligonucleótido de 20 mers hibridizou especificamente no fragmento de levedura amplificado de Y. enterocolitica, mas não hibridizou com o fragmento yst amplificado de Y. kristensenii por hibridizações Southern e dot blot. Isto confirma a fiabilidade deste ensaio de diagnóstico em estudos clínicos e epidemiológicos. A disponibilidade do ADN extraído para a reação em cadeia da polimerase foi verificada através da amplificação simultânea de uma parte do 16S rDNA e do gene yst. Todo o ensaio de diagnóstico, incluindo uma técnica simplificada de extração de ADN, o processo de amplificação e a eletroforese em gel, pôde ser concluído em 1 dia útil, o que é melhor do que o tempo necessário para as técnicas tradicionais demoradas utilizadas nos laboratórios clínicos.

Greisen et al. (1993) referiram que foi testado um conjunto de iniciadores de PCR de largo espetro para o gene 16S rRNA das bactérias, juntamente com três séries de sondas de oligonucleótidos para detetar o produto da PCR. A primeira série de sondas é de gama alargada e consiste numa sonda bacteriana universal, uma sonda grampositiva, uma sonda Bacteroides-Flavobacterium e duas sondas para outras espécies gram-negativas. A segunda série foi concebida para detetar produtos de PCR de sete espécies ou grupos bacterianos importantes que causam frequentemente meningite: Neisseria meningitidis, Haemophilusinfluenzae, Streptococcus pneumoniae, S. agalactiae, Escherichia coli e outras bactérias entéricas, Listeria monocytogenes e Staphylococcus aureus. A terceira série foi concebida para a deteção de ADN de espécies ou géneros normalmente considerados como potenciais contaminantes de amostras clínicas, incluindo o líquido cefalorraquidiano (LCR): Corynebacterium, Propionibacterium e Staphylococcus spp. coagulase-negativo. Os iniciadores amplificaram o ADN de todas as 124 espécies diferentes de bactérias testadas. Os testes de hibridação a sul das sondas de largo espetro com lavagens contendo cloreto de tetrametilamónio 3 M indicaram que este conjunto de sondas identificou corretamente todas as 102 espécies bacterianas testadas, exceto duas, sendo as excepções Deinococcusradiopugnans e Gardnerellavaginalis. As sondas gram-negativas e gram-positivas hibridizaram com isolados de duas bactérias recentemente caracterizadas, Auloiococcus otitis e Rochalimaeahenselii, tal como previsto pelas características da coloração de Gram. As sequências das sondas de agentes patogénicos e contaminantes da PSC foram comparadas com as informações de sequências disponíveis e com dados de sequenciação de 32 espécies diferentes. O teste das sondas do agente patogénico e do contaminante da PSC contra o ADN de mais de 60 estirpes diferentes indicou que, à exceção das sondas do Staphylococcus coagulase-negativo, estas sondas permitiram a identificação correcta das espécies bacterianas que se sabe estarem presentes na PSC.

Zhu et al. (2013) datam que as espécies de Vibrio são bactérias Gram-negativas, em forma de bastonete, que vivem em ambientes aquosos. Várias espécies, como V.harveyi, V.alginotyticus e V.splendidus, estão associadas a doenças em peixes ou crustáceos. Além disso, algumas espécies, como V.cholerae e V.parahaemolyticus, representam um risco para os seres humanos devido a infecções provocadas pela ingestão de marisco cru infetado com estas bactérias ou pela exposição de feridas ao ambiente marinho. Os flagelos bacterianos são considerados essenciais para viver num meio de cultura. No entanto, a maioria das espécies de Vibrio são móveis e têm flagelos rotativos que lhes permitem deslocar-se para ambientes favoráveis e escapar de ambientes desfavoráveis. Esta revisão resume estudos recentes sobre a estrutura, a função e a regulação dos flagelos das espécies de Vibrio, com especial destaque para os flagelos polares movidos a Na+, que são os principais responsáveis pela motilidade e pela deteção do ambiente circundante, e discute a relação entre os flagelos e a patogenicidade.

Rapa et al. (2013) afirmaram que a integrina é um elemento genético que incorpora genes móveis denominados cassetes de genes em recombinação específica do sítio genético. É mais conhecida pelo seu papel na resistência aos antibióticos, sendo um tipo de integrão, o integrão de classe 1, um dos principais intervenientes na disseminação de genes de resistência aos antibióticos em agentes patogénicos Gram-negativos e comensais. No entanto, os integrões são estruturas antigas com mais de 100 classes (incluindo a classe 1) presentes em bactérias do ambiente em geral. Embora o integrão de classe 1 seja apenas um exemplo de uma integrina que está a ser mobilizada para o ambiente clínico, é de longe o mais bem sucedido. Ao contrário dos integrões clínicos de classe 1, que se encontram em grande parte em plasmídeos, outras classes de integrinas encontram-se nos cromossomas das bactérias e transportam diversas cassetes de genes que indicam um papel não relacionado com a resistência aos antibióticos. No entanto, o conhecimento sobre quais são esses papéis alternativos é muito limitado. Este facto é particularmente relevante para as espécies de Vibrio, em que as cassetes de genes constituem cerca de 13% das

r todo o genoma. Nesta revisão, discutimos a forma como a ênfase na investigação do integrão de classe 1 resultou numa compreensão limitada, por parte da comunidade de investigação em geral, do papel da integrina no ambiente mais vasto. Este facto tem a capacidade de ser contraproducente para resolver ou melhorar o problema da resistência aos antibióticos no futuro. Além disso, existe ainda uma falta significativa de conhecimentos sobre o modo como as cassetes de genes nas espécies de Vibrio conduzem à adaptação e à evolução. A investigação em Vibrio rotiferianus DAT722, que permitiu obter novos conhecimentos sobre o modo como as cassetes genéticas afectam a fisiologia celular, oferece novos papéis alternativos para os recursos das cassetes genéticas. Pelo menos um subconjunto de cassetes de genes está envolvido na modificação de polissacáridos da superfície do hospedeiro, o que sugere que as cassetes de genes podem ser importantes em processos como a resistência a bacteriófagos, a adesão/formação de biofilmes, a proteção contra pastores e a agregação bacteriana.

Ellingsen et al.(2013) afirmaram que os genes da hemolisina direta termoestável (TDH) e/ou da hemolisina relacionada com TDH (TRH) são transportados pela maioria dos serovares virulentos de Vibrio parahaemolyticus. Na Noruega, trh+V. Parahaemolyticus constituem 4,4 e 4,5% do número total de V. parahaemolyticus isolados do mexilhão azul (Mytilusedulis) e da água, respetivamente. Esta região foi caracterizada na estirpe TH3996 de V.parahaemolyticus e verificou-se que um operão de transporte de níquel (nik) estava localizado entre o primeiro gene (ureR) e o resto dos genes do grupo ure. A organização do grupo de genes trh-ureR -nik- ure nos isolados trh + noruegueses era desconhecida. Neste estudo, explorámos a organização dos genes dentro do grupo trh-ureR-nik-ure para estes isolados. As análises de PCR revelaram que os genes dentro do cluster do gene trh-ureR-nikure dos isolados noruegueses t trh+ estavam organizados de forma semelhante à relatada anteriormente para TH33996. Além disso, a relação filogenética entre os isolados setrh+ foi investigada utilizando a tipagem de sequências multilocus (MLST). A análise por MLST das sequências orureR-trh gerou duas árvores filogenéticas diferentes para as mesmas estirpes analisadas, sugerindo que os genes ureR-trh foram adquiridos em alturas diferentes nos isolados de V. parahaemolyticus de Norwegiant. Os resultados do MLST revelaram que alguns isolados patogénicos e não patogénicos de V. parahaemolyticus na Noruega parecem estar altamente relacionados geneticamente.

Chen et al. (2011) afirmaram que investigaram a distribuição de vibrios nas águas costeiras de Shenzhen com o objetivo de obter informações valiosas para a indústria da aquacultura e para um sistema de alerta sanitário. As quantidades de vibrios nas águas superficiais variaram de 0 a 4,40x104 UFCs mL-1 em abril (primavera), enquanto que de 0 a 2,57x103 UFCs mL-1 em setembro (outono); a abundância de espécies semelhantes a V. alginolyticus nas águas superficiais variou de 0 a 6,72x103 UFCs mL-1 em abril (primavera) e de 0 a 1,28x103 UFCs mL-1 em setembro (outono); foram observadas contagens mais elevadas na primavera. As espécies do tipo V. alginolyticus foram dominantes nas águas costeiras de Shenzhen, com a maior abundância na região limpa (estações YMK001 e GDN064) em abril, sugerindo que as Vibrio spp. eram bactérias que ocorriam naturalmente em ambientes marinhos. A correlação entre a abundância de vibrios (incluindo espécies semelhantes a V. alginolyticus) e factores ambientais variou em diferentes regiões e estações do ano. Não foram detectados vibrios quando a salinidade era inferior a 11,15^ no estuário do rio Zhujiang, o que indicava que a salinidade desempenhava um papel fundamental na distribuição de vibrios e de espécies semelhantes a V. alginolyticus.

Way et al. (1993) afirmaram que foram utilizados três conjuntos de iniciadores de oligonucleótidos no ensaio de reação em cadeia da polimerase (PCR) para detetar espécies de Salmonella. Os iniciadores phoP específicos dos loci pho PlphoQ de bactérias patogénicas coliformes, tais como Salmonella, Escherichia coli e espécies de Citrobacter, serviram como indicadores presuntivos de bactérias entéricas. Para além dos iniciadores phoP, foram utilizados os iniciadores Hin e H-li, que têm como alvo uma região de 236 pb do genehinIH2 e uma região de 173 pb do gene da flagelina H-li, respetivamente. Os iniciadores Hin e H-li são específicos de espécies móveis de Salmonella e não estão presentes em espécies de E. coli ou Citrobacter. Assim, através da amplificação por PCR multiplex, podem ser especificamente detectadas espécies de Salmonella, incluindo Salmonella typhi, Salmonella typhimurium, Salmonella paratyphi e Salmonella enteritidis. Foram descritas condições de reação óptimas para demonstrar esta deteção específica e sensível de espécies de Salmonella. Utilizando a eletroforese em gel de agarose para a deteção dos produtos amplificados pela PCR, a sensibilidade da deteção foi de 102 UFC após 25 ciclos de PCR e de 1 (100) UFC após uma PCR dupla de 50 ciclos. A eficácia destes iniciadores foi demonstrada em isolados ambientais que tinham sido previamente confirmados como espécies de Salmonella através da utilização de técnicas culturais convencionais. Além disso, foram obtidas amplificações positivas de espécies de Salmonella em amostras ambientais, incluindo solo e água.

Dazhi Jin et al. (2013) afirmaram que, para amostras de fezes enriquecidas com concentrações de CT que variavam entre 3,5 pg/ml e 1,8 ng/ml, o tempo de inoculação-deteção era de 1,12_0,38 h, e os valores eram inversamente relatados que Relatamos aqui a deteção quantitativa da toxina de Vibrio cholerae (CT) em isolados e amostras de fezes através da monitorização dinâmica do curso completo da citotoxicidade mediada por CT num sistema de análise celular em tempo real (RTCA). Quatro linhas celulares, incluindo células tumorais adrenais de ratinho Y-1, células de ovário de hamster chinês (CHO), células epiteliais do intestino delgado (FHs74Int) e células da glândula adrenal de ratinho (PC12-Adh), foram avaliadas quanto à sua adequação para o ensaio de citotoxicidade induzida por CT. Entre elas, a linha Y-1 demonstrou ser a mais sensível para a citotoxicidade mediada por CT, com limites de deteção de 7,0 pg/ml para CT purificada e 0,11 ng/ml para CT adicionada em amostras de fezes negativas agrupadas. Não foi observada citotoxicidade mediada por CT para V. cholerae não-toxigénico, espécies não-V. cholerae ou enterotoxinas não-V. cholerae. O ensaio CT-RTCA foi ainda validado com 100 amostras de fezes colhidas consecutivamente de doentes com diarreia e 200 isolados de V. cholerae recuperados de doentes e do ambiente, em comparação com uma referência utilizando três métodos de deteção. O ensaio CT-RTCA apresentou sensibilidades e especificidades de 97,5% e 100,0%, respetivamente, para isolados de V. cholerae e 90,0% e 97,2% para amostras de fezes correlacionadas com concentrações de CT. Os resultados indicam que o ensaio CT-RTCA com a linha celular Y-1 constitui uma ferramenta rápida e sensível para a deteção quantitativa das actividades de CT em amostras clínicas.

Dixit et al. (2009) investigaram a utilização de diferentes técnicas analíticas para a deteção de agentes patogénicos transmitidos pela água. O relatório apresenta uma breve informação sobre o desenvolvimento de novas técnicas de diagnóstico e monitorização disponíveis e explica o seu importante papel na gestão dos riscos das doenças relacionadas com a água. As novas técnicas ajudarão a desenvolver fortes sistemas de alerta precoce, diagnósticos de campo fiáveis, tratamentos e uma remediação mais eficaz dos impactos dos microrganismos nocivos. O documento propõe que os futuros desenvolvimentos nas tecnologias de deteção de sinais e de miniaturização proporcionarão monitorização e diagnóstico em tempo real para uma avaliação rápida dos agentes patogénicos microbianos.

Geik Yong Ang et al. (2010) relataram que um total de 20 isolados de Vibrio cholerae foram recuperados para investigação a partir de um surto de cólera em Kelantan, Malásia, que ocorreu entre novembro e dezembro de 2009. Todos os isolados foram caracterizados bioquimicamente como V. cholerae serogrupo O1 Ogawa do biótipo El Tor. Verificou-se que eram resistentes a múltiplos antibióticos, incluindo tetraciclina, eritromicina, sulfametoxazol-trimetoprim, estreptomicina, penicilina G e polimixina B, sendo 35% dos isolados resistentes à ampicilina. Todos os isolados eram sensíveis à ciprofloxacina, norfloxacina, cloranfenicol, gentamicina e canamicina. A análise por PCR multiplex confirmou a identificação bioquímica e revelou a presença de genes de virulência, a saber, ace, zot e ctxA, em todos os isolados. Curiosamente, a sequenciação do gene ctxB mostrou que a estirpe do surto albergava o gene da toxina clássica da cólera e, por conseguinte, pertence ao biótipo variante El Tor recentemente atribuído. A análise clonal por eletroforese em gel de campo pulsado demonstrou que um único clone de uma estirpe de V. cholerae foi responsável por este surto.

Hassan et al (2013) afirmaram que a qualidade da água potável tem um papel importante nas infecções e doenças humanas. Este estudo teve como objetivo comparar a reação em cadeia da polimerase e a cultura na deteção de Escherichia coli, espécies de Salmonella e Vibrio cholera em água de fita e água potável engarrafada em várias estações na província de Isfahan, no Irão. Métodos: Um total de 448 amostras de água da torneira e de água mineral engarrafada foram colhidas ao longo de 6 meses, de julho de 2010 a dezembro de 2010, e, após filtração, as amostras foram examinadas por cultura e pelos métodos de reação em cadeia da polimerase para deteção de Escherichia coli, espécies de Salmonella e Vibrio cholerae.

Tall et al. (2012) relataram que para identificar Vibrio vulnificus, Vibrio cholerae e Vibrio alginolyticus utilizando um método padronizado de extração de ADN e ensaios de PCR em tempo real, entre um grande número de estirpes bacterianas isoladas do ambiente marinho. Os métodos de extração de ADN e de PCR em tempo real foram normalizados para identificar um grande número de estirpes de Vibrio spp. isoladas através de campanhas regulares de recolha de amostras ambientais. Foram desenvolvidos três ensaios de PCR em tempo real a partir de uma PCR multiplex, visando V. vulnificus, V. cholerae e V. alginolyticus no gene dnaJ. Depois de testar a sua especificidade, estes sistemas foram aplicados para a identificação de 961 estirpes isoladas a 22°C (446 estirpes) e a 37°C (515 estirpes) em setembro de 2009. Foi demonstrada a predominância de V. alginolyticus (82-6%) entre as estirpes de Vibrio spp. isoladas a 37°C. A 22°C, apenas 1-6% das estirpes foram identificadas por PCR e eram V. alginolyticus. Foram utilizados ensaios de PCR em tempo real reprodutíveis e específicos combinados com um método de extração de ADN em microplacas para constituir uma grande coleção de estirpes de Vibrio ambientais e para identificar e detetar Vibrio potencialmente patogénico para o homem isolado a 37°C. Para estirpes ambientais isoladas a 22°C, devido à maior diversidade de espécies, devem ser escolhidas outras abordagens, como a sequenciação, para a identificação. O protocolo desenvolvido neste estudo fornece uma ferramenta de rastreio adequada e rápida para identificar um grande número de estirpes bacterianas rotineiramente isoladas do ambiente em estudos de longo prazo.

Reham et al. (2012) referiram que o objetivo deste estudo era investigar a prevalência de Vibrio spp. em moluscos utilizando a cultura tradicional e métodos de PCR multiplex. Este estudo foi realizado em 40 amostras de camarão e caranguejo (20 amostras de cada). A prevalência de Vibrio parahemoluticus nas amostras de camarão e de caranguejo examinadas foi de 20 e 30% pelo método de cultura tradicional e de 70 e 50% pelo método m-PCR, respetivamente, enquanto a prevalência de Vibrio mimicus nas amostras de camarão e de caranguejo examinadas foi de 25 e 5% pelo método m-PCR, respetivamente, e não foi detectada em todas as amostras examinadas pelo método de cultura. O Vibrio vulnificus e o Vibrio cholerae não foram detectados em todas as amostras examinadas por ambos os métodos. O procedimento m-PCR, que utilizou cinco primers, produziu amplicons específicos dos tamanhos esperados de populações mistas de Vibrio spp. em amostras de moluscos e de culturas puras. Em geral, os resultados do presente estudo indicaram que a m-PCR é uma técnica potencial para a deteção simples, rápida e fiável dos principais Vibrio spp. para monitorização de rotina e avaliação de risco de moluscos.

Shikongo-Nambabi et al. (2012) datam que os alimentos do mar, nos seus ambientes naturais, estão associados a uma variedade de microrganismos. A redução do prazo de validade do peixe resulta do metabolismo microbiano, principalmente por bactérias Gram negativas que produzem compostos químicos responsáveis pelo mau odor, textura e sabor. O prazo de validade é estimado através da contagem total de bactérias viáveis à temperatura ambiente e à temperatura de refrigeração. O tipo e o número de bactérias presentes nos produtos do mar dependem da composição microbiana das águas circundantes, dos factores intrínsecos, dos factores extrínsecos, da transformação e dos factores implícitos, bem como das interacções microbianas no interior do próprio peixe. Embora a avaliação da segurança dos alimentos do mar seja preferencialmente determinada pela deteção de organismos indicadores, como as Enterobacteriaceae e os coliformes, nenhum destes grupos preenche todos os requisitos que garantem a segurança alimentar, sendo necessária a deteção direta de agentes patogénicos relevantes. As espécies de Vibrio fazem parte dos géneros de bactérias associados a doenças transmitidas por alimentos do mar. A deteção rápida e precisa e os métodos de identificação de agentes patogénicos são imperativos para determinar a conformidade do produto com os critérios microbiológicos dos produtos do mar. Embora os métodos culturais tenham sido utilizados há muito tempo na deteção de agentes patogénicos humanos, incluindo espécies de Vibrio no peixe, estes métodos são demorados e, por vezes, imprecisos. Além disso, alguns agentes patogénicos têm a propensão de passar para o estado viável mas não cultivável (VBNC) em ambientes desfavoráveis. A utilização de métodos moleculares é dificultada por inconvenientes, como a semelhança da sequência 16S rRNA entre espécies e o facto de algumas estirpes serem portadoras de cópias múltiplas do gene 16S rRNA. Uma combinação de taxonomia clássica e numérica e de métodos de análise de sequências de múltiplos locus (MLSA) é promissora para proporcionar uma resolução absoluta entre espécies de Vibrio estreitamente relacionadas.

Rober et al. (2011) referiram que três espécies - Vibrio cholerae, Vibrio parahaemolyticus e Vibrio vulnificus - são responsáveis pela maioria das infecções por Vibrio em seres humanos. A identificação rápida e exacta das espécies de Vibrio tem sido problemática porque as características fenotípicas são variáveis dentro das espécies. Além disso, a identificação bioquímica e a confirmação requerem 2 ou mais dias para serem efectuadas. As técnicas moleculares rápidas e sensíveis para a deteção de agentes patogénicos Vibrio seriam úteis para a vigilância e gestão de surtos. Para facilitar a identificação de espécies patogénicas para o homem, concebemos e validámos um ensaio de PCR em tempo real multiplex altamente sensível, específico e robusto para identificar V. cholerae, V. parahaemolyticus e V. vulnificus utilizando uma configuração de quatro corantes num formato liofilizado conveniente. Foram sequenciadas várias estirpes de Vibrio para verificar os sítios TaqMan alvo candidatos. Vários ensaios individuais dentro do multiplex contêm múltiplos primers ou sondas para garantir a deteção de variantes polimórficas. V. cholerae, V. parahaemolyticus e V. vulnificus foram detectados individualmente ou em misturas a 30 cópias genómicas. O V. cholerae foi especificamente detectado na presença ou ausência de Vibrio mimicus. O ensaio multiplex Vibrio mostrou 100% de especificidade para todos os alvos analisados e nenhuma deteção de estirpes vizinhas mais próximas. Cada ensaio apresentou uma eficiência de 100% ¡ 10%. A PCR multiplex em tempo real pode simplificar a deteção de agentes patogénicos e reduzir os custos por teste, uma vez que podem ser analisadas três espécies num único tubo de reação. A deteção rápida e exacta de vibrios patogénicos em amostras de marisco ou água do mar melhorará a segurança microbiológica dos produtos do mar para os consumidores

Nicholas A. Daniels.et.al (2000) inventou que as infecções por Vibrio estão a tornar-se cada vez mais comuns nos Estados Unidos. Os vibrios patogénicos causam 3 grandes síndromes de doença clínica: gastroenterite, infecções de feridas e septicemia. Muitos casos de gastroenterite associada a Vibrio são substancialmente sub-reconhecidos porque os vibrios não são facilmente identificados em culturas de fezes de rotina. Os dados epidemiológicos sugerem que a maioria destas infecções são de origem alimentar e estão associadas ao consumo de marisco cru ou mal cozinhado. Nas pessoas que desenvolvem gastroenterite aguda após o consumo de marisco cru ou mal cozinhado, os médicos devem solicitar a análise de uma amostra de fezes utilizando um meio seletivo para vibriões. Os médicos devem obter uma história de viagem quando avaliam um doente com diarreia aquosa aguda e devem considerar a cólera no diagnóstico diferencial quando um doente regressa de uma viagem a um país onde se sabe ou suspeita da presença de cólera.

Reham et al. (2012) afirmaram que o objetivo deste estudo era investigar a prevalência de Vibrio spp. em moluscos utilizando a cultura tradicional e métodos de PCR multiplex. Este estudo foi realizado em 40 amostras de camarão e caranguejo (20 amostras de cada). A prevalência de Vibrio parahemolyticus nas amostras de camarão e de caranguejo examinadas foi de 20 e 30% pelo método de cultura tradicional e de 70 e 50% pelo método m-PCR, respetivamente, enquanto a prevalência de Vibrio mimicus nas amostras de camarão e de caranguejo examinadas foi de 25 e 5% pelo método m-PCR, respetivamente, e não foi detectada em todas as amostras examinadas pelo método de cultura. O Vibrio vulnificus e o Vibrio cholerae não foram detectados em todas as amostras examinadas por ambos os métodos. O procedimento m-PCR, que usou cinco primers, produziu amplicons específicos dos tamanhos esperados de populações mistas de Vibrio spp. em amostras de moluscos e de culturas puras. De um modo geral, os resultados do presente estudo indicaram que a m-PCR é uma técnica potencial para a deteção simples, rápida e fiável dos principais Vibrio spp. para a monitorização de rotina e avaliação do risco dos moluscos.

2.3 Especiarias indianas

As ervas aromáticas e as especiarias são consideradas um aditivo importante para os alimentos em várias partes do mundo. Realçam o aroma, o picante e conferem sabor aos alimentos. Durante muito tempo, foram consideradas como a componente essencial da cozinha oriental e foram também adoptadas nas dietas ocidentais. Desde a antiguidade, as especiarias e as ervas aromáticas são também utilizadas no tratamento tradicional de várias doenças. Atualmente, vários estudos experimentais e, em menor grau, ensaios clínicos, têm também realçado o papel das ervas no tratamento de uma série de doenças. Foi demonstrado que várias ervas e extractos de ervas possuem propriedades antibacterianas. Por exemplo, a cebola, o alho, o gengibre, a pimenta e a mostarda demonstraram ter atividade antimicrobiana contra vários tipos de bactérias. Tayel e El-Tras relataram recentemente uma potente atividade antibacteriana da canela e do cravinho contra várias estirpes bacterianas. Algumas especiarias possuem atividade antifúngica. Para além da sua atividade antifúngica, as ervas também demonstraram potencial vermicida, nematocida e moluscicida. Além disso, o gingerol, o ingrediente ativo do gengibre, e o eugenol demonstraram ser anti-inflamatórios (**Al Mofleh IA, 2010).**

Nas últimas duas a três décadas, foram conhecidos muitos efeitos benéficos das especiarias alimentares comuns para a saúde. Há também novas preocupações com a segurança alimentar devido à ocorrência crescente de novos surtos de doenças de origem alimentar causadas por microrganismos patogénicos. As especiarias podem ser adicionadas aos alimentos de várias formas: como especiarias inteiras, como especiarias moídas, ou como isolados dos seus extractos. As especiarias são alguns dos agentes antimicrobianos naturais mais utilizados nos alimentos. A adição de especiarias aos alimentos não só confere sabor e estímulos pungentes, como também proporciona propriedades antimicrobianas **(Hirasa et al.,1998).**As especiarias são ingredientes alimentares aromáticos e pungentes, tal como as ervas, as especiarias podem ter efeitos antioxidantes significativos (**Suhaj, 2006).**Foram medidas as capacidades antioxidantes totais equivalentes e os conteúdos fenólicos (Folin-Ciocalteu) de 32 especiarias (**Wojodylo et al., 2007).**

2.3.1 Cardamomo verde (Cardamomum)

ReinoPlantac

ClasseAngiospérmicas

Mais velhoZingiberales

FamíliaZingiberaceae

GéneroCoiiandnun

Figura 27: *(тгеаяг Cardamomo*

O cardamomo verde (ou cardamomo) refere-se a várias plantas dos géneros semelhantes Elettaria e Amomum da família do gengibre Zingiberaceae. São reconhecidas pelas suas pequenas vagens de sementes, de secção transversal triangular e em forma de fuso, com uma casca exterior fina e papeleira e uma pequena semente preta. Atualmente, a Guatemala é o maior produtor e exportador de cardamomo do mundo, seguida da Índia. Os Elettariapods são verdes claros, enquanto os Amomumpods são maiores e castanhos escuros. É a terceira especiaria mais cara do mundo, em termos de peso, ultrapassada em valor de mercado apenas pelo açafrão e pela baunilha.

2.3.2 Coentros (Coriandrum sativam)

ReinoPlantae

ClasseAngiospérmicas

EncomendarApiales

FamíliaApiaceae

GéneroCoriandro

Figura2.8 : Coentros

O coentro, também conhecido como **dhania,** é uma erva anual da família Apiaceae, uma planta macia e sem pêlos que cresce até 50 cm de altura. As folhas são de forma variável, com lóbulos largos na base da planta, e delgadas e **emplumadas** na parte superior dos caules floridos. As flores apresentam-se em pequenas umbelas, brancas ou cor-de-rosa muito pálido, assimétricas, com as pétalas afastadas do centro da umbela mais compridas (5-6 mm) do que as voltadas para o centro (apenas 1-3 mm de comprimento). O fruto é um esquizocarpo globular, seco, com 3-5 mm (0.12-0.20 in) de diâmetro **(Chithra et al., 1997).**

2.3.3 Pimenta preta (Piper Nigrum)

ReinoPlantae
ClasseAngiospérmicas
OrdemPipertales
FamíliaPiperaceae
GenusPiper
EspécieP .nigrum

Figura 2.9: Pimenta preta

A pimenta preta é uma especiaria muito utilizada tanto na alimentação oriental como na ocidental. Tem um efeito antioxidante e antibacteriano impressionante e ajuda na digestão e na perda de peso, pois estimula a decomposição das células adiposas. A pimenta preta é considerada como o rei das especiarias, uma vez que obtém o maior rendimento, a avaliar pelo volume do comércio internacional. Vários investigadores independentes demonstraram experimentalmente que a pimenta preta ou o seu princípio ativo, a piperina, possui diversos efeitos fisiológicos. Foi demonstrado em estudos in vitro que a piperina protege contra os danos oxidativos, inibindo ou extinguindo os radicais livres e as espécies reactivas de oxigénio. Foi também demonstrado que o tratamento com pimenta preta ou piperina reduz a peroxidação lipídica in vivo e influencia de forma benéfica o estado do tiol celular, as moléculas antioxidantes e as enzimas antioxidantes numa série de situações experimentais de stress oxidativo **Srinivasan (2007).**
Um estudo in vivo sobre o efeito hipolipidémico da pimenta preta (Piper nigrum Linn.) em ratos alimentados com uma dieta rica em gordura e tratados com pimenta preta e piperina mostrou uma diminuição notável dos níveis de colesterol (fracções de colesterol livre e éster), ácidos gordos livres, fosfolípidos e triglicéridos. Além disso, a suplementação de ratos alimentados com gordura elevada com pimenta preta aumentou a concentração de colesterol de lipoproteínas de alta densidade (HDL-c) e reduziu as concentrações de colesterol de lipoproteínas de baixa densidade (LDL-c) e de colesterol de lipoproteínas de densidade muito baixa (VLDL-c) no plasma, em comparação com os níveis de ratos alimentados com gordura elevada sem suplemento **(Vijayakumar et al., 2002).**

2.3.4 Canela (Cinnamonumverum)

ReinoPlantae
ClasseMagnoliophyta
EncomendarLauiales
FamíliaPiperaceae
GéneroCinnamonum
EspécieC .verum

Figura 2.10 : Canela

A canela é uma especiaria obtida a partir da casca interna de várias árvores do género Cinnamomum, utilizada tanto em alimentos doces como salgados. Canela é o nome de talvez uma dúzia de espécies de árvores e dos produtos de especiarias comerciais que algumas delas produzem. Todas são membros do género Cinnamomum da família Lauraceae. Apenas algumas delas são cultivadas comercialmente para especiarias **(Iqbal et al., 2012).**

Utilizações

1. A casca de canela é muito utilizada como especiaria. É principalmente utilizada na culinária como condimento e material aromatizante.

2. Foi proposta a utilização da canela como repelente de insectos, embora ainda não tenha sido testada. O óleo das folhas de canela foi considerado muito eficaz para matar as larvas dos mosquitos.

3. Dos compostos encontrados no óleo essencial das folhas de canela, o acetato de cinamilo, o eugenol e o anetol, e em particular o cinamaldeído, foram considerados como tendo a maior eficácia contra as larvas de mosquito.

4. Os médicos da antiguidade acreditavam que a canela, enquanto substância quente e seca, curava mordeduras de cobra, sardas, constipações e problemas renais, entre outros

5. Verificou-se que o óleo de folhas de canela é muito eficaz para matar as larvas de mosquitos. Dos compostos encontrados no óleo essencial das folhas de canela, o acetato de cinamilo, o eugenol e, em particular, o cinamaldeído, foram considerados os mais eficazes contra as larvas de mosquito.

6. A canela é utilizada na medicina tradicional, e vários estudos **testaram produtos** químicos extraídos de vários efeitos medicinais possíveis.

2.3.5 Asafoetida (Ferula assa)

ReinoPlantae
ClasseAngiospérmicas
EncomendarApiales
FamíliaApiaceae
GéneroFerula
EspécieAssafoetida

Figura 2.11: Asafbetida

A asafoetida (Ferula assa) é o látex seco exsudado do rizoma ou da raiz principal de várias espécies de Ferula, uma erva perene que cresce 1-1,5 m (3-5 pés) de altura. A espécie é nativa dos desertos do Irão, das montanhas do Afeganistão e é cultivada principalmente na vizinha Índia. Como o seu nome sugere, a Asafoetida tem um cheiro fétido (forte e desagradável), mas em pratos cozinhados tem um sabor suave que faz lembrar o alho francês. Também é conhecida como asant, alimento dos deuses, jowanibadian, goma fedorenta, esterco do diabo, ingu, kayam e ting.

Utilizações:

1. Utilizada na culinária. A especiaria é utilizada como agente digestivo, em alimentos como condimento e em pickles.
2. Utilizado como anti flatulento.
3. Utilizado como auxiliar da digestão.
4. Utilizado no combate à gripe.
5. Utilizado como remédio para a asma e a bronquite.

1.1.6 Funcho (Foeniculumvulgare)

ReinoPlantae
ClasseAngiospérmicas
EncomendarApiales
FamíliaApiaceae
GéneroFoeniculum
Espécie **Vulgare**

Figura2.12: Funcho

O funcho (Foeniculumvulgare) é uma espécie de planta com flor da família do aipo Apiaceae ou Umbelliferae. É uma erva rasteira, perene, com flores amarelas e folhas emplumadas. É originária das margens do Mediterrâneo, mas naturalizou-se amplamente em muitas partes do mundo, especialmente em solos secos perto da costa marítima e nas margens dos **rios**. É muito aromático e tem muitas utilizações medicinais. O funcho é utilizado como planta alimentar pelas larvas de algumas espécies de Lepidoptera, incluindo a traça-do-rato e a traça-do-anis

Utilizações

1. O funcho é utilizado como agente **aromatizante**, como perfume e como repelente de insectos, bem como como remédio herbal para envenenamento e problemas de estômago.
2. Utilizado no tratamento da inflamação gastrointestinal.
3. O chá feito com sementes de funcho esmagadas tem sido utilizado como colírio.
4. Utilizado como antídoto para ervas venenosas, cogumelos e mordeduras de cobra.

1.1.7 Cravinho (Syzygium aromaticum)

ReinoPlantae
ClasseAngiospérmicas
EncomendarMyrtales
FamíliaMyrtaceae
GéneroSyzygium
EspécieS . aromaticum

Figura 2.13: Gove

Os cravos-da-índia são os botões florais não abertos secos ao sol da árvore do cravinho (**Syzygium** aromaticum L.). O cravo-da-índia é vulgarmente utilizado como especiaria e aroma alimentar. O presente estudo foi concebido para investigar a ação quimiopreventiva de uma infusão aquosa de cravinho no cancro de pele induzido em ratos suíços. Verificou-se que o cravinho teve um efeito protetor. Retardou a formação de papilomas (cancro da pele), mas também reduziu a incidência de papilomas, bem como o número cumulativo de papilomas por rato. Os investigadores **acreditam que o cravinho pode** ter um papel promissor na restrição do processo de carcinogénese **(Banerjee e Das, 2005)**.

1.1.8 Cominhos (Cuminum cyminum)

ReinoPlantae
ClasseAngiospérmicas
EncomendarApiales
FamíliaApiaceae
GéneroCunrinum
EspécieC . cyminum

Figura 2.14: Cominho

O cominho (Cuminum cyminum **L.**) é uma planta aromática pertencente à família Apiaceae, utilizada para dar sabor aos alimentos, adicionada a fragrâncias e utilizada em preparações medicinais **(Lacobellis et al., 2005)**. O seu fruto, conhecido como semente de cominho, é de cor amarela a cinzenta acastanhada e tem uma forma alongada com nove protuberâncias. O cominho possui numerosas propriedades medicinais. É uma erva aromática e um adstringente que beneficia o aparelho digestivo. Tem sido utilizado no tratamento de perturbações digestivas ligeiras como carminativo e eupéptico, como adstringente nas perturbações broncopulmonares e como remédio para a tosse, bem como analgésico **(De et al., 2003).**

1.1.9 Alho (Allium sativum)

Reino:	**Plantae**
Clado:	**Angiospérmicas**
Encomenda:	**Asparagales**
Família:	**Amaryllidaceae**
Género:	**Allium**
Espécie:	**A. sativum**

Figura 2.15: Alho

Historicamente, o alho tem sido utilizado durante séculos em todo o mundo por várias sociedades para combater doenças infecciosas. O alho **pode** ser fornecido sob a forma de cápsulas e pós, como suplementos dietéticos, diferindo assim dos alimentos ou ingredientes alimentares convencionais. Louis Pasteur foi o primeiro a descrever o efeito antibacteriano dos sumos de cebola e de alho. Os vegetais Allium, particularmente o alho (Allium sativum L.) exibem uma ampla atividade antibiótica contra bactérias Gram-positivas e Gram-negativas **(Whitemore e Naidu, 2000)**. A partir dos artigos de investigação publicados, é evidente que o sumo cru de alho foi eficaz contra muitas bactérias patogénicas comuns **(Kumar e Sharma, 1982)**, contra as estirpes que se tornaram resistentes aos antibióticos
(Jezowa et al., 1966) e mesmo a produção de toxinas por algumas **estirpes** patogénicas impedida pelo alho **(Dewitt et al., 1979).**

1.1.10 Orégãos (Origanum vulgare)

	ReinoPlantae
	ClasseAngiospérmicas
	EncomendarLamiales
Família I	**.amiaceae**
	GéneroOriganum
EspécieO	**. vulgare**

Figun! 2. / 6: Orégãos

Origanum é da família das lamiaceae (família da hortelã). Esta planta está localizada no vale de Hunza, na cordilheira de Karakoram. Algumas das plantas medicinais importantes desta região são Artemisia maritime, Chenopodium ambrosioides, Ephedra gerardianam, Astragalus macropterus, Corydalis Adiantifolia, Sonchus asper (L)Hill, Hippophae rhamnoides L, Tamarix arceuthoides Bge, Salix acmophylla Boiss, Atriplex crossifolia C.A.Mey, Aquilegia pubiflora Wall. ex Royle, Primula veris L, Lonicera periclymenum L, Galium boreale L, Lactuca decipiens (H. e T) Clark **(Sultan et al., 2004)**. A planta selecionada para o ensaio antibacteriano pode ter um grande potencial para aplicações industriais **(Baratta et al., 1998; Daferera et al., 2000; Deans e Svoboda, 2001; Garcia e J. Sanz, 2001)**. Os orégãos foram reconhecidos como um dos vegetais mais utilizados em todo o mundo, com ocorrência abundante na Europa Oriental, na Ásia Central e na América do Sul e do Norte **(Kokkini et al., 1991; Vokou et al., 1993)**. O óleo volátil de orégãos tem sido utilizado tradicionalmente para doenças respiratórias, indigestão, cáries dentárias, artrite reumatoide e doenças do trato urinário **(Ertas et al., 2005)**. O carvacrol é um dos principais componentes activos dos orégãos e tem utilizações potenciais como conservante alimentar **(Veldhuizen et al., 2007)**. Outros constituintes químicos incluem o limoneno, o gamacariofileno, o rho-cimeno, o canfor, o linalol, o al-fapineno e o timol **(Arcila-Lozano et al., 2004.**

2.4 <u>Distúrbios gastrointestinais</u>

As doenças gastrointestinais referem-se a doenças que afectam o trato gastrointestinal, nomeadamente o esófago, o estômago, o intestino delgado, o intestino grosso e o reto, bem como os órgãos acessórios da digestão, o fígado, a vesícula biliar e o pâncreas. As doenças do estômago referem-se a doenças que afectam

o estômago. A inflamação do estômago por infeção de qualquer causa é designada por gastrite, e quando inclui outras partes do trato gastrointestinal é designada por gastroenterite. Quando a gastrite persiste num estado crónico, está associada a várias doenças, incluindo a gastrite atrófica, a estenose pilórica e o cancro gástrico. Outra condição comum é a ulceração gástrica (úlceras pépticas) **(Yamada et al., 2009)**. A ulceração provoca a erosão da mucosa gástrica, que protege o tecido do estômago dos ácidos gástricos. As úlceras pépticas são mais frequentemente causadas por uma infeção bacteriana por Helicobacter pylori.

O comportamento gastrointestinal reflecte o funcionamento integrado da musculatura, do epitélio da mucosa e da vasculatura linfática e sanguínea. A divisão entérica do sistema nervoso autónomo organiza e coordena a atividade dos três sistemas efectores para gerar padrões de comportamento funcionalmente eficazes que se adaptam a diferentes estados digestivos. O sistema nervoso entérico (ENS) é um mini-cérebro local que contém uma biblioteca de programas para os padrões necessários de comportamento intestinal. A mistura no estado digestivo, o complexo motor migratório no estado interdigestivo e os padrões eméticos do comportamento motor do intestino delgado e a formação de haustros no intestino grosso são exemplos de resultados de quatro dos programas neurais da biblioteca do ENS **(Wood, 2007)**.

A folha, a raiz, a casca, a baga, o botão, a semente, o estigma de uma planta ou de uma flor utilizados para fins culinários são vulgarmente designados por ervas aromáticas e especiarias, que eram e são principalmente utilizadas para, e estão associadas a, adicionar ou realçar o sabor dos alimentos, incluindo carnes, molhos, legumes e sobremesas. Para além de actuarem como substitutos do sal, a contribuição nutricional destas plantas alimentares foi, no passado, considerada negligenciável, provavelmente devido às quantidades relativamente pequenas, embora crescentes, consumidas. No entanto, a literatura indica que, na última década, este ponto de vista está a começar a mudar. A longa utilização histórica de ervas aromáticas e especiarias pelos seus benefícios medicinais é plenamente reconhecida, e existe uma quantidade crescente de literatura relativa aos benefícios potenciais/pretendidos destes alimentos numa perspetiva de saúde. Estes benefícios incluem o seu possível papel na proteção contra doenças cardiovasculares e neurodegenerativas, doenças cardiovasculares, cancro e diabetes tipo 2 **(Tapsell et al., 2006).**

2.5 Atividade Antioxidante

Os radicais livres e outros oxidantes são moléculas formadas pelo metabolismo normal do organismo que podem causar danos se não forem bem controlados. No entanto, o organismo produz outras moléculas para destruir os oxidantes e defender-se destes danos. Estas moléculas são conhecidas como antioxidantes **(Ratnan et al., 2006)**. Em algumas situações, porém, pode ocorrer um desequilíbrio entre a produção e a eliminação de oxidantes **(Sies, 1997)**. Esta situação é conhecida como stress oxidativo, em que os oxidantes não eliminados ou não neutralizados podem danificar muitos tipos de moléculas. Por exemplo, a oxidação dos lípidos conduz à peroxidação lipídica e à rutura das membranas, a das proteínas e enzimas provoca a fragmentação e a perda de atividade biológica e a do ADN resulta em ligações cruzadas aleatórias, conduzindo à morte celular **(Beckman e Ames, 1998)**. Pensa-se que os efeitos secundários do stress oxidativo são a base molecular do desenvolvimento de doenças crónicas e degenerativas, como o cancro, as doenças neurodegenerativas, as doenças cardiovasculares, a diabetes e as doenças auto-imunes **(Ratnan et al., 2006; Pham-Huy et al., 2008).**

Vários estudos evidenciaram fortemente uma correlação entre os polifenóis, principalmente os encontrados em ervas aromáticas, especiarias, cereais, frutas e legumes, e as suas elevadas capacidades antioxidantes. Outros indicaram que o seu consumo regular pode ajudar a reduzir significativamente a incidência de doenças relacionadas com o stress oxidativo, porque os polifenóis actuam como potentes eliminadores de radicais livres **(Wang et al., 2011; Wootton-Beard e Ryan, 2011)**. Por definição, os antioxidantes são substâncias que neutralizam os radicais livres e previnem os danos por eles causados. Estas moléculas podem reduzir grandemente os danos causados pelos oxidantes, neutralizando-os antes de reagirem com alvos biológicos, quer prevenindo reacções em cadeia, quer impedindo a ativação do oxigénio em produtos altamente reactivos **(Ratnan et al., 2006; Azzi et al., 2004)**.

O termo "antioxidante" engloba um vasto leque de substâncias que se dividem em antioxidantes exógenos e endógenos e que podem ser classificados em dois grandes grupos: antioxidantes enzimáticos e não enzimáticos **(Ratnan et al., 2006)**. Os antioxidantes endógenos incluem enzimas, moléculas de baixo peso molecular e cofactores enzimáticos. Os antioxidantes exógenos podem ser classificados em várias classes **(Liu, 2004)**, das quais os polifenóis são os mais importantes. O metabolismo secundário das plantas é responsável pela produção de fenóis e polifenóis, que contêm múltiplas estruturas, mas geralmente um ou mais anéis aromáticos, respetivamente **(Glikin, 2012)**. Estas moléculas são classificadas como flavonóides e ácidos fenólicos **(Ratnan et al., 2006; Azzi, 2004)**. Os flavonóides e os seus glicosídeos são moléculas complexas, como as catequinas, as proantocianidinas, as antocianinas e os flavonóis, que contêm múltiplos anéis aromáticos. Entre os ácidos fenólicos encontram-se os ácidos hidroxicinâmicos, os compostos mais comuns encontrados em frutos e sementes, e os monofenóis, que possuem um único anel benzénico (Figura 1). Os ácidos cafeico e ferúlico estão incluídos nesta classe **(Gukin, 2012)**. Os ácidos hidroxibenzóicos, como o ácido elágico e o ácido gálico, constituem o segundo grupo de ácidos fenólicos, mas o seu teor nas plantas é muito baixo **(Ratnan et al., 2006)**.

A deterioração oxidativa dos produtos alimentares durante a transformação e o armazenamento produz um sabor desagradável que afecta a sua comercialização. Além disso, os compostos como os aldeídos, cetonas e ácidos orgânicos produzidos através do processo de oxidação têm sido implicados em doenças cardiovasculares, mutagénese e carcinogénese **(Barlow, 1990)**. No passado, os antioxidantes sintéticos, tais como o butil-hidroxianisol (BHA), o butil-hidroxitolueno (BHT), a terc-butil-hidroquinona (TBHQ), o propil-galato (PG) e o octil-galato (OG), foram amplamente utilizados para inibir a oxidação dos alimentos. No entanto, nos últimos tempos, estudos epidemiológicos têm apontado para os possíveis riscos para a saúde associados ao consumo de antioxidantes sintéticos1 e, atualmente, existem regulamentos rigorosos que regem a sua utilização nos alimentos **(Hettiarachchy et al., 2005).**

Os consumidores estão também a exigir alimentos com um aspeto mais "fresco", o que resultou numa procura de antioxidantes derivados de fontes naturais. As especiarias são fontes abundantes de compostos polifenólicos com forte capacidade antioxidante **(Shan et al., 2005)** e podem potencialmente substituir os antioxidantes sintéticos nos sistemas alimentares e oferecer benefícios adicionais para a saúde. O consumo de especiarias tem sido implicado na prevenção de doenças cardiovasculares, carcinogénese, inflamação e aterosclerose **(Srinivasan et al., 2005)**. Este facto deve-se principalmente à presença de polifenóis, incluindo o ácido rosmarínico nas especiarias lamiaceae, o eugenol no cravinho e no pimento, a curcumina na curcuma, a capsaicina na malagueta, o kaempferol nos cominhos e no funcho, o gingerol no gengibre, o ácido cafeico no tomilho e no funcho. As especiarias têm também propriedades antimicrobianas que podem ajudar a prolongar o prazo de validade dos alimentos. Além disso, a aceitação do consumidor em relação às especiarias ou aos princípios das especiarias é consideravelmente elevada **(Pokorny, 1991).**

2.6 Propriedade antibacteriana

Os métodos de rastreio atualmente disponíveis para a deteção da atividade antimicrobiana de produtos naturais dividem-se em três grupos, incluindo os métodos bioautográficos, de difusão e de diluição. Os métodos bioautográficos e de difusão são conhecidos como técnicas qualitativas, uma vez que estes métodos apenas dão uma ideia da presença ou ausência de substâncias com atividade antimicrobiana. Por outro lado, os métodos de diluição são considerados ensaios quantitativos, uma vez que determinam a concentração inibitória mínima **(Vanden Berghe e Vlietinck, 1991).**

Devido ao fracasso dos antimicrobianos disponíveis no tratamento de doenças infecciosas, muitos investigadores concentraram-se na investigação de produtos naturais como fonte de novas moléculas bioactivas **(Recio e Rios, 1989; Silver e Bostian, 1993).** As plantas de especiarias e os óleos essenciais delas extraídos tornaram-se importantes devido aos seus potenciais efeitos antimicrobianos **(Elgayyar et al., 2001; Singh et al., 2002; Valero e Salmeron, 2003)** e estimulantes no sistema digestivo animal. A eficácia antimicrobiana da mostarda, do cravinho, da canela e dos seus óleos essenciais foi comunicada pela primeira vez por volta da década de 1880. A eficácia antimicrobiana das especiarias depende do tipo de especiaria, da sua composição e concentração, do tipo e das concentrações do microrganismo alvo, da composição do substrato e das condições de processamento e armazenamento dos alimentos **(Leite de Souza et al., 2006)** . As plantas condimentares têm sido usadas tradicionalmente como corantes, aromatizantes, conservantes, aditivos alimentares e substâncias antiparasitárias, anti-helmínticas, analgésicas, expectorantes, sedativas, anti-sépticas e antidiabéticas em muitas partes do mundo **(Lee et al., 2004)**. Além disso, possuem actividades biológicas como a de antioxidantes **(Miura et al., 2002)** e hipocolesterolemiantes **(Craig, 1999).**

As descobertas de **Palaksha et al. (2010)** revelaram o perfil antibacteriano distinto de Allium sativum Linn. unicamente e em sinergismo de estreptomicina contra S. aureus ATCC BAA 1026 e E. coli ATCC 10536 resistentes à estreptomicina, como testemunhado por zonas de inibição proeminentes. A E. coli é uma bactéria patogénica comum na infeção do trato urinário e o S. aureus é a causa da pneumonia e de várias infecções no intestino, no trato urinário, etc. A utilização exclusiva do extrato de alho é frutuosa. A utilização sinérgica pode impedir que o organismo patogénico desenvolva a sua resistência aos antibióticos. O efeito antibacteriano estudado por **Jonkers et al. (1999)** mostrou que o extrato caseiro de alho cru e os comprimidos comerciais de alho, isoladamente e em combinação com antibióticos ou omeprazol, foram eficazes contra isolados clínicos de Helicobacter pylori. Os valores de CIM do extrato de alho cru e de três tipos de comprimidos de alho comerciais variaram entre 10.000 e 17.500 mg/L. Quando os valores de CIM dos comprimidos comerciais se basearam no teor de alicina, não foram observadas diferenças entre os três tipos. A combinação de alho e omeprazol, estudada com curvas de morte, mostrou um efeito sinérgico que era dependente da concentração. Parece justificar-se uma avaliação clínica adicional do alho em combinação com os agentes convencionais para o tratamento da H. pylori.

Seenivasan et al. (2006) mostraram que os óleos de canela, cravo e lima inibiam tanto as bactérias gram-positivas como as gram-negativas. O óleo de canela pode ser uma boa fonte de agentes antibacterianos. Os óleos essenciais de cravinho (Syzygium aromaticum) e canela (Cinnamomum cassia) mostraram atividade antibacteriana contra 21 agentes patogénicos de origem alimentar: Listeria monocytogenes (5 estirpes), Staphylococcus aureus (4 estirpes), Escherichia coli O157: H7 (6 estirpes), Salmonella Enteritidis (4 estirpes), Vibrio parahaemolyticus e Bacillus cereus e 5 bactérias de deterioração alimentar: Pseudomonas aeroginosa, P. putida, Alcaligenes faecalis e Aeromonas hydrophila (2 estirpes). Os valores de CIM para etanol, extractos aquosos e óleo essencial de cravinho variaram entre 0,5 e 5,5 mg/ml, 0,8 e 5,5 mg/ml e 1,25 e 5%, respetivamente. Os valores de CIM para etanol, extractos aquosos e óleo essencial de canela variaram de 1,0 a 3,5 mg/ml, 2,5mg/ml e 1,25 a 5,0 %, respetivamente, tal como observado por **Hoque et al. (2008).**

Chaudhry et al. (2007) mostraram que o óleo, a infusão aquosa e a decocção de orégãos (Origanum vulgare), da família Limiaceae, foram avaliados quanto à atividade antibacteriana contra 11 géneros diferentes de bacilos Gram-ve, nomeadamente Aeromonas hydrophila, Citrobacter sp, Enterobacter aerogenese, Escherichia coli, Flavobacterium sp., Klebsiella ozaenae, K. pneumoniae, Proteus mirabilis, Pseudomonas aeruginosa, Salmonella typhi, S. paratyphi B, Serratia marcescens e Shigella dysenteriae, pelo método de difusão em disco. O óleo de orégãos apresentou a maior atividade contra as espécies Citrobacter com uma zona de inibição média de 24,0 mm ± 0,5. A infusão aquosa também mostrou uma atividade inibitória significativa contra Klebsiella pneumoniae (20,1 mm ± 6,1 DP), Klebsiella ozaenae (19,5 mm ± 0,5 DP) e Enterobacter aerogenes (18,0 mm). Além disso, todos os isolados foram considerados resistentes à decocção aquosa de sementes de orégãos.

Teneva et al. (2015) observaram que as bactérias gram-positivas eram mais sensíveis aos extractos e óleos (zonas de inibição entre 9,5 e 20 mm) e a concentração inibitória mínima era superior a 600 ppm. As bactérias

Gram-negativas testadas foram menos sensíveis (zonas de inibição entre 8 e 12 mm) com a concentração bactericida mínima superior a 600 ppm. Este facto deveu-se à diferença na estrutura e composição das paredes celulares dos dois grupos de bactérias. A presença de uma membrana externa nas bactérias Gram-negativas dificultou a difusão dos extractos através da membrana para o protoplasma da célula, tornando-as mais estáveis sob o efeito dos extractos testados. O óleo de pimenta preta demonstrou atividade antimicrobiana contra todos os microrganismos testados, em comparação com o extrato. Isto deveu-se à diferença na composição química do óleo e do extrato. Foi observada uma forte atividade antimicrobiana contra fungos e leveduras: as respectivas zonas de inibição atingiram até 25 mm, e a CIM foi superior a 600 ppm.

Os antimicrobianos derivados de plantas foram reconhecidos por vários trabalhadores como um meio de controlar o crescimento de **bactérias** indesejáveis **(Brantner et al. 1996; Vijaya & Ananthan 1996; Cutter 2000; Puupponen-Pimia et al. 2001). Puupponen-Pirnia et al. (2001) relataram** a atividade antibacteriana de várias bagas contra S. enterlca. O óleo essencial de várias plantas, incluindo coentros, mostra atividade contra várias bactérias, tais como S. aureus e Klebsiella pnellntonil1e **(Baratta et a! 1998; Thoppil 2000). Lafont et al. (1986)** relataram que os extractos de clorofórmio de alho, canela, tomilho, cravinho, açafrão, coentros, pimenta e noz-moscada mostraram atividade bacteriostática contra S. flureus e Vibrio sp. As actividades antibacterianas e antifúngicas dos extractos de alho também foram comunicadas **(Graham & Graham 1987; Ghnannoum 1988; Sato et al., 1990; Wagner et al. 1994).** A atividade antimicrobiana do cravo-da-índia, do cinamomo, da mostarda, do ajwain e do cominho também já foi referida anteriormente.

Capítulo 3

3. MATERIAL E METODOLOGIA

3.1 Materiais utilizados

3.1.1 Isolamento de bactérias

Tabela 3.1 Localizações das amostras de água utilizadas para o isolamento de bactérias no estudo

S.N.	Nome da amostra	Localização	Tipo de amostra
1	Ajamgarh	Gorakhpur	Água da torneira
2	Jankipuram	Lucknow	Água da torneira
3	Gudamba thana	Lucknow	Água da torneira
4	Fajulaganj	Lucknow	Água da torneira
5	Adil Nagar	Lucknow	Água da torneira
6	Aliganj	Lucknow	Água da torneira
7	Barabanki	Barabanki	Água da torneira
8	Deva	Lucknow	Água do lago

9	Chinhat	Lucknow	Água do lago
10	Kukrail	Lucknow	Água do lago
11	Kathauta	Lucknow	Água do lago
12	Bakshi Ka Talaab	Lucknow	Água do lago
13	Bsawan Purwa	Lucknow	Água do lago
14	Raitha	Lucknow	Água do lago
15	Dhatingra	Lucknow	Água do lago

3.1.2 Preparação dos meios de comunicação social

Ágar TCBS (Ágar tiossulfato citrato sal biliar sacarose)-1000ml

Requisitos	**gm/litro**
Sacarose	20.0
Ágar	15.0

Separar. Peptona	10.0
Citrato de sódio	10.0
Cloreto de sódio	10.0
Tiossulfato de sódio	10.0
Extrato de levedura	5.0
Bílis de boi	5.0
Cholato de sódio	3.0
Citrato férrico	1.0
Azul de timol	04
Bromo Thymol Blue	04
pH	8,6 ± 0,2 a 25°C
Água destilada	1000 ml

Meio TSA (Trypticase Soy Agar)-1000ml

Requisitos	**gm/litro**
Digestão pancreática da caseína	15.00

Digestão Papica da Farinha de Soja	5.00
Cloreto de sódio	5.00
Ágar	15.00
pH final (a 25°C)	7.3± 0.2
Água destilada	1000 ml

TSB (caldo de triptona de soja)-1000ml

Requisitos	**gm/litro**
Triptona	17.00
Cloreto de sódio	5.00
Soyatone	3.00
Fosfato Dipotássico	2.50
Dextrose	2.50
pH	7,3 ± 0,2 a 25°C
Água destilada	1000 ml

3.1.3 Reagente para isolamento de ADN

Requisitos

Solução tampão TE (pH 8,0)	50X (diluído a 1X)
Solução SDS	10%
Fenol:clorofórmio:	25:24:1

Solução de álcool isoamílico (PCI)

- **Reagente para eletroforese em gel de agarose (gel a 0,8%)**

Agarose	0,8 gm
Tampão TAE	50X (diluído a 1X)
Brometo de etídio	3.0 gl
Corante de carga de ADN	5.0 gl
Água destilada	100ml

- Reagente para eletroforese em gel de agarose (gel a 1,2%)

Agarose	1,2 gm
Tampão TAE	50X (diluído a 1X)
Brometo de etídio	3.0 gl
Corante de carga de ADN	5.0 gl
Água destilada	100ml

- Corante de carga de ADN

Azul de bromofenol	0.25%
Xileno cianol	0.25%
Glicerol	30%

Depois de misturar tudo isto com água destilada, o corante é armazenado a 4°C.

- **Quantificação espectrofotométrica do ADN genómico**

Amostra de ADN	10gl
Água destilada	990u

3.1.4 Reação em cadeia da polimerase (PCR)

Tabela 3.2: Componentes da PCR

Química	**Estoque**	**Trabalho**
tampão PCR	10x	2|l(1x)
Dntp	2,5 mM	2,5|l(0,2mM/L)
cartilha	100ppm	
iniciador universal forward		1|l(8ppm)
Primer reverso vibrio alginolyticus		1|l(8ppm)
Primário inverso vibrio vunificus		1|l(8ppm)

Primer reverso vibrio cholera		1|l(8ppm)
Primário inverso vibrio mimicus		1|l(8ppm)
Primer reverso vibrio parahaemolyticus		1|l(8ppm)
Taq DNA polimerase		1|l
Taq DNA polimerase		1|l
Água destilada		7.5|l
Amostra de ADN		5|l
Total		20|l

3.1.4.1 Sequência de iniciadores para PCR múltipla de cinco espécies patogénicas de Vibrio

Tabela 3.3: Lista de primers utilizados para a amplificação

Espécies-alvo	**Cartilha**	**Sequência(5'-3')**	**Tamanho do amplicon**
Primário universal	Cartilha Universal F.W	CAGGTTTGYTGCACGGCGA AGA	-
V. alginolyticus	Primário inverso	GATCGAAGTRCCRACACTM GGA	144

V. vulnificus	Primário inverso	GTACGAAATTCTGACCGAT CAA	412
V. cólera	Primário inverso	AGCAGCTTATGACCAATAC GCC	375
V. mimicus	Primário inverso	YCTTGAAGAAGCGGTTCGT GCA	177
V. parahaemolyticus	Primário inverso	TGCGAAGAAGGCTCATCAG AG	96

3.1.5 Material de vidro utilizado

Frasco cónico	Placa de Petri	
Frasco de reagente	Copo	
Varão de vidro	Haste em forma de L	
3.1.6 Material necessário		
Papel manteiga	Espátula	Balão cónico
Algodão	Folha de alumínio	Petridish

Micropipeta	Microponta	Espalhador
Película limpa	Anel de inoculação	Lâmpada de espírito
Espírito	Tubo de ensaio	Cilindro de medição
Suporte para tubos de ensaio	Tubo de microcentrifugação	Unidade de eletroforese
Tubos PCR	Vórtice	Amostra de ADN

3.1.7 Especiarias utilizadas

Quadro 3.4: Lista das especiarias com o seu nome botânico

S.N.	Nome comum	Nome botânico
1	Cardamomo	Elettaria cardamomum
2	Cravo	Syzygium aromaticum
3	Asafoetida	Ferula assa-foetida
4	Oregãos	Origanum vulgare
5	Alho	Allium sativum
6	Cominho	Cuminum cyminum
7	Funcho	Foeniculum vulgare

8	Coentros	Coriandrum sativum
9	Canela	Cinnamomum zeylanicum
10	Pimenta preta	Piper nigrum

3.2 METODOLOGIA

3.2. 1Amostras recolhidas para a experiência

Foram recolhidas quinze amostras de água para este estudo e cada amostra recolhida de diferentes áreas foi utilizada para análises físico-químicas adicionais.

3.2. 2Processamento da amostra

Após a recolha das 10 amostras, o processamento das amostras foi efectuado de acordo com os métodos seguintes:

3.2. 3Determinação de carbonato, bicarbonato e cloreto

Princípio: Os carbonatos e bicarbonatos de uma solução podem ser determinados titulando a solução contra um ácido padrão, utilizando fenolftaleína e vermelho de metilo, respetivamente, como indicadores. Quando a cor da fenolftaleína é descarregada, indica metade da neutralização do carbonato. Nesta fase, adiciona-se o indicador vermelho de metilo e prossegue-se a titulação. Quando a cor muda de amarelo para vermelho rosa, é o ponto final para a neutralização completa do bicarbonato. A equação seguinte ilustra as alterações:

$$2Na_2CO3 + H_2SO_4 \rightarrow 2NaHCO_3 + Na_2SO_4$$

(Phenolphthelein = Pink) *(Phenolphthelein = colourless)*

$$2NaHCO_3 + Na_2SO_4 \rightarrow Na_2SO_4 + 2H2O + 2CO2$$

(Methyl red = Yellow) *(Methyl red = rose red)*

Procedimento:

Amostra de extrato (1 ml) + Fenolftaleína (1-2 gotas)

↓ (Se for cor-de-rosa, significa que o CO_3^{-} está presente)

Titular com N100 H2SO4

↓

Descoloração da cor rosa

(PONTO FINAL)

↓ (Adicionar vermelho de metilo (1-2 gotas) e titular com N/100 H2SO4)

A cor muda de Amarelo para Vermelho Rosa

(PONTO FINAL)

↓

Aparecimento de cor vermelho tijolo com precipitação

(PONTO FINAL)

Cálculo:

1) $CO3^{2-}$ (msq/l) = 2xYxNH2SO4X1000/(ml de Aliq)

Onde Y = Primeiro ponto final, ou seja, descoloração da cor rosa.

$HCO3^{-}$ (msq/l) = (Z- 2Y) X N H2SO4X1000/ (ml de Aliq.)

Em que Z = ponto final, ou seja, de amarelo para vermelho-rosa.

Cl^{-} (msq/l) = (Ml de AgNO3 utilizado) X NAgNO3X 1000/ml. de Aliq.

3.2.4Determinação de (Ca+mg)

Método do EDTA: (Método do Versanato)

Princípio: O método baseia-se no facto de o cálcio, o magnésio e vários outros iões formarem complexos estáveis com o verseno (EDTA, um sal dissódico) a diferentes pH e de o Sn, o Zn, o Fe e o Mn poderem interferir na determinação do cálcio e do magnésio se estiverem presentes em quantidades apreciáveis. Esta interferência é evitada pela utilização de uma solução de NaCN a 2% ou de carbonato. Normalmente, na irrigação e no extrato de água do solo, as quantidades de iões interferentes são negligenciáveis e podem ser desprezadas.

A utilização de um tampão de amoníaco com pH = 10 para Ca+mg

Indicador utilizado = Erio-cromo Preto T

Para a determinação do cálcio, titula-se um volume conhecido de solução com uma solução de versenato 0,01 N estável, utilizando um indicador de muroxido (purpurato de amónio) na presença de uma solução de NaOH. O ponto final é uma mudança de cor de vermelho alaranjado para púrpura a pH = 12, quando todos os iões de cálcio se complexam com o EDTA.

3.2.4.1Estimação de Ca+mg:

Procedimento:

Amostra de extrato (1 ml) + Tampão (NH4Cl+NH4OH) 1 ml + Indicador EBT (pitada)

↓

Titular com EDTA N/100

↓

(PONTO FINAL)
Cor azul

Cálculos:

Ca + Mg (meq/l) = ml. de EDTA utilizado* NEDTA*1000/ml. de Aliq.

3.2.4.2Estimativa de Ca:

Procedimento:

Amostra de extrato (1 ml) + 1 ml de NaOH 4N + Mistura de Muroxido (uma pitada)

↓

Titulado com uma solução de EDTA N/100

↓

(PONTO FINAL)

Cálculos:

Ca (meq/l) = ml de EDTA utilizado*NEDTA*1000/ml de Aliq.

Estimativa de Mg (por diferença)

Mg
(meq/l) = $^{(Ca+mg)}$ meq/l Ca meq/l

3.2.5Determinação de Na e K (por fotómetro de chama)

Fotómetro de chama utilizado - SYSTRONICS-128

3.2.6Autoclavagem de meios

Um autoclave é um dispositivo utilizado para esterilizar equipamento e materiais, submetendo-os a vapor saturado a alta pressão a 121°C durante cerca de 15-20 minutos, dependendo do tamanho da carga e do conteúdo.

Procedimento

>Tomar um frasco cónico lavado e rotulado.

>Pesar os meios de cultura numa balança e depois adicioná-los a um erlenmeyer com água destilada água até perfazer o volume total e fechar com um tampão de algodão .

> Embalou os petridish com papel e etiquetou-os.

> Transferiu meios rotulados (data, tipo de meio e nome da pessoa) para o interior da câmara de autoclave.

> Fechar a câmara de autoclave.

> Pressão atingida a 15 lbs aguarde 15 minutos e depois pare a câmara .

> Retirar os meios de esterilização do autoclave para prosseguir com os passos seguintes.

3.2.7 Derrame de meios de comunicação em Petridish

> Manter um meio dentro do fluxo laminar e depois lavar as mãos com álcool.

> Rotular cada placa (nome, data, tipo de meio, nome da amostra).

> Deitar 25 ml de meio de autoclavagem em cada placa de Petri e deixar solidificar.

3.2.8 Espalhamento da amostra de água no meio TCBS

> Recolheu 200|al de amostra de água e colocou-a no meio TCBS.

> A espátula é esterilizada por imersão em álcool e, em seguida, exposta a uma chama e deixada arrefecer.

> Espalhar uniformemente todos os inóculos sobre a superfície do meio TCBS.

> As placas foram embrulhadas com película limpa e depois incubadas a 28°C durante 2 dias e as placas foram examinadas quanto ao crescimento bacteriano,

> Após a incubação, as placas de Petri foram retiradas da incubadora e as colónias de bactérias são visíveis na superfície dos meios.

3.2.9 Estrias de colónias de bactérias

A sementeira é uma técnica utilizada para isolar uma estirpe pura de uma única espécie de microrganismo, frequentemente uma bactéria. A amostra pode então ser retirada das colónias resultantes e uma cultura microbiológica pode ser cultivada numa nova placa para que o organismo possa ser identificado, estudado ou testado.

Procedimento

> Anel de inóculos a quente e deixar arrefecer o anel.

> Colónia recolhida dos meios de comunicação social da TCBS.

> Espalhar o inóculo sobre a superfície do meio TSA em ziguezague.

> Rotular cada placa com o nome, a data, o meio, a colónia, a cor da colónia e o nome da amostra.

> Embrulhado com película limpa.

> Incubado a 28° C durante 1 dia.

3.2.10 Inoculação de uma única colónia de bactérias em caldo TSA

O caldo é um meio nutritivo líquido que contém todos os componentes necessários para o crescimento, desenvolvimento e divisão das bactérias. O caldo contém caseína e soja que fornecem aminoácidos e fonte de azoto, glucose para fonte de energia, NaCl para manter o equilíbrio osmótico, fosfato dipotássico que actua como tampão para manter o pH.

Procedimento

> Tomou tubos de ensaio autoclavados com nome, data, caldo, tipo e nome da amostra rotulados.

> Deitar 10 ml de caldo TS autoclavado em cada tubo de ensaio com a ajuda de uma proveta esterilizada.

> Inocular uma única colónia bacteriana do meio TSA no caldo TS.

> Fechar a abertura do tubo de ensaio com tampões de algodão e incubar a 28°C durante 1 dia na incubadora.

3.2.11 Isolamento de ADN bacteriano pelo método fenol-clorofórmio.

O caldo que foi inoculado com bactérias com bactérias e incubado durante 1 dia torna-se a amostra para o isolamento do ADN.

Procedimento

> A partir da cultura líquida, 1,5 ml de cultura foram colocados num tubo de microcentrifugação e centrifugados a 10.000 rpm durante 10 minutos e as células bacterianas foram colocadas em paletes.

> Ressuspender o sedimento em 900 ^ 1 de tampão TE.

> Adicionar 1/10 de volume de solução SDS a 10% (50p_l de solução).

> Colocar os tubos em banho-maria a 50-60°C e incubá-los durante cerca de 2 horas.

- Após 2 horas, a solução tornou-se mais espessa do que era no início. Misturar 600ul de fenol: clorofórmio: álcool isoamílico (25:24:1) e agitar suavemente, invertendo repetidamente o tubo.
- Aparece um precipitado branco quando esta mistura é adicionada ao tubo e a solução agitada torna-se laranja-creme (branco devido à precipitação de proteínas e laranja devido ao fenol)
- Após a centrifugação, aparecem 3 camadas no tubo.
- A camada aquosa superior é transparente como a água que contém o ADN; a camada inferior é uma fina camada de cor branca que é um precipitado proteico e a camada inferior, cor de laranja escura, é uma mistura de fenol e clorofórmio.
- Recolher a camada aquosa transparente superior num novo tubo eppendorf e rejeitar a camada inferior.
- Manter o tubo eppendorf no frigorífico para arrefecer durante 10-15 minutos.
- Adicionar um volume duplo de propanol refrigerado à solução aquosa de ADN, gota a gota, a partir da sua parede. Depois de adicionar o ADN, precipitar a solução e mantê-la novamente a 0°C durante 15 minutos, para que o ADN se precipite facilmente.
- Após a precipitação, centrifugar o tubo a 10.000 rpm durante 10 minutos. Deitar fora o sobrenadante e, antes de deitar fora, marcar o pellet de ADN com um marcador na parede do tubo.
- Secar o sedimento de ADN ao ar ou mantendo o tubo invertido sobre papel de filtro.
- Dissolver o sedimento de ADN seco em 50|il de tampão TE.
- Verificação da qualidade do ADN isolado por eletroforese em gel de agarose.

3.2.12 Determinação qualitativa do ADN genómico bacteriano por eletroforese em gel de agarose

- Dissolver a agarose em 0,240 g em 30 ml de tampão TAE num erlenmeyer.
- Colocar o erlenmeyer na estufa até a solução se tornar transparente.
- Utilizar luvas para retirar o frasco cónico da estufa e esperar até que a temperatura se torne suportável para depois adicionar o brometo de etídio.
- Limpar o tabuleiro de moldagem do gel e o pente com etanol, selar o lado aberto com fita-cola e montar o aparelho.
- Verter a solução de agarose no tabuleiro de moldagem. Deixar solidificar durante 15-20 min.
- Após o endurecimento do gel, misturar 3ul de corante de carregamento do gel com 5ul de amostra de ADN com a ajuda de uma micropipeta.
- Retirar cuidadosamente o pente do gel solidificado para que os poços não se partam.
- Encher o reservatório com tampão TAE.
- Colocar o gel de agarose na cuba de eletroforese.
- O poço será colocado na direção do cátodo.
- Colocar cuidadosamente a amostra no gel utilizando uma pipeta.
- Fazer correr a amostra até que esta percorra metade da área do gel.
- Retirar o gel da cuba de eletroforese e observá-lo no Gel Doc System.

3.2.13 Quantificação estectofotométrica do ADN

A espetrofotometria é a medição quantitativa das propriedades de reflexão ou transmissão de um material em função do comprimento de onda. A espetrofotometria é aplicada à luz visível, ao ultravioleta próximo e ao infravermelho próximo. Um espetrofotómetro é um fotómetro que pode medir a intensidade em função do comprimento de onda da fonte de luz. Um espetrofotómetro é normalmente utilizado para medir a transmitância ou a reflexão de soluções, de sólidos transparentes ou opacos, como o vidro polido, ou de gases. No entanto, também podem ser concebidos para medir a difusividade em qualquer uma das gamas de luz listadas, que normalmente cobrem cerca de 200nm-2500nm, utilizando padrões que variam em tipo, dependendo do comprimento de onda da determinação fotométrica.

Procedimento

- Ligar o espetrofotómetro UV de feixe duplo e colocar o tipo de ADN a quantificar.
- Preparar a diluição de 10 ul de ADN ds e 990ul de água destilada ultrapura.
- Em seguida, colocar a amostra no espetrofotómetro e fazer a leitura da amostra a 260/280nm.
- Preparar uma diluição conhecida da amostra de ADN em tampão TE, que foi utilizada para dissolver a amostra de ADN

- Registar a DO da amostra a 260 e 280 nm.
- Calcular a concentração do ADN a partir da leitura observada da absorvência.
- Rácio de absorção -260/280nm comprimento de onda
  A260/280— 1.7-2.0(1.8)
  Absorção de A-260 pelo ADN
  A-280-Absorção por proteínas

3.2.14 Reação em cadeia da polimerase

A PCR é uma técnica rápida para a amplificação in vitro de um fragmento específico de ADN através da utilização de dois iniciadores curtos de cadeia simples que flanqueiam esse segmento. A PCR foi efectuada num tubo estéril de 0,5 ml; o
A mistura de reação foi feita da seguinte forma.

Procedimento

- Misturar os tubos de 0,5 ml de reagente ou os tubos de 0,2 ml de PCR.
- Manter o reagente em gelo.
- Agitar o tubo em vórtice para que toda a composição se misture corretamente.
- Colocar todos os tubos no termociclador.

3.2.13.1 Condição PCR

Tabela 3.5 Necessário para a amplificação por PCR

Passos	**Temperatura necessária**
Tampa de aquecimento	105°C
Desnaturação inicial	94°C durante 3min
Desnaturação	94°C durante 30 segundos
Recozimento	60°C durante 30 segundos
Extensão	72°C durante 1 min
Extensão final	72°C durante 7 min
N.º de ciclos	35

- Até à conclusão da PCR, manter a amostra a 4° c. Preparar o ADN para carregamento através da adição de 1/10 de volume de tampão de carregamento (contém EDTA, glicerol e azul de bromofenol).
- Analisar por eletroforese em gel de agarose e certificar-se de que inclui o marcador de tamanho em pelo menos um poço do mesmo gel.
- Os produtos da amplificação foram visualizados após eletroforese a 50V durante 45V min num gel de 1,2 %.

3.2.15 Atividade Antioxidante

3.2.15.1 Determinação da atividade antioxidante com o método de eliminação do radical 2,20 - difenil-1-picrilhidrazil (DPPH)

A atividade antioxidante dos extractos foi medida em termos de doador de hidrogénio ou capacidade de eliminação de radicais, utilizando o radical estável, DPPH **(Brand-Williams, Cuvelier, & Berset, 1995)**. Colocou-se numa cuvete uma solução-mãe metanólica (50 ml) do antioxidante (as concentrações das soluções-mãe foram 1,05, 2,0, 4,0, 6,3, 8,4, 10,5, 12,6, 16,8, 21,0, 25,2, 29,4, 33,6, 40,0, 45,0 e 50,0 g/l) e adicionaram-se 2 ml de solução metanólica de DPPH. As medições da absorvância começaram imediatamente. A diminuição da absorvância a 517 nm foi determinada por espetrofotómetro Perkin-Elmer após 1 h para todas as amostras. Foi utilizado metanol para zerar o espetrofotómetro. A absorvância do radical DPPH sem antioxidante, ou seja, o controlo, foi medida diariamente. Foram tomadas precauções especiais para minimizar a perda de atividade dos radicais livres da solução de reserva do radical DPPH **(Blois, 1958)**. Todas as determinações foram efectuadas em triplicado. A percentagem de inibição do radical DPPH pelas amostras foi calculada de acordo com a fórmula de **Yen e Duh (1994)**.

3.2.15.2 Ensaio de poder redutor-antioxidante férrico (FRAP)

Este método mede a capacidade dos antioxidantes para reduzir o ferro férrico. Baseia-se na redução do complexo de ferro férrico e cloreto de 2,3,5-trifenil-1,3,4-triaza-2-azoniaciclopenta-1,4-dieno (TPTZ) para a forma ferrosa a pH baixo. Esta redução é monitorizada através da medição da alteração da absorção a 593 nm, utilizando um espetrofotómetro de arranjo de díodos. O ensaio antioxidante pode ser efectuado pelo método desenvolvido por **Benzie e Strain (1999)**. Misturam-se três mililitros de reagente FRAP preparado com 100 LITROS de amostra diluída; regista-se a absorvância a 593 nm após 30 minutos de incubação a 37 °C. Os valores de FRAP podem ser obtidos comparando a alteração de absorção na mistura de ensaio com os obtidos a partir de concentrações crescentes de Fe3+ e expressos em mM de equivalentes de Fe2+ por kg (alimentos sólidos) ou por L (bebidas) de amostra.

3.2.15.3 Ensaio do ácido 2,2'-azinobis(3-etilbenzotiazolina-6-sulfónico (ABTS)

Ensaio do ácido 2,2'-azinobis(3-etilbenzotiazolina-6-sulfónico (ABTS) O ensaio ABTS foi efectuado de acordo com o método de Miller e outros8 , com ligeiras adaptações. Os principais reagentes foram solução salina tamponada com fosfato (80 mM/L, pH 7,4), cromogénio e peróxido de hidrogénio (250 uML). O cromogénio continha metmioglobina (6,1 uM/L) e ABTS (610 uM/L). O tampão fosfato salino foi misturado com o cromogénio e o peróxido de hidrogénio para obter as concentrações finais acima indicadas. Para cada amostra, adicionaram-se 20 uL do extrato de amostra adequadamente diluído a 1 mL de cromogénio, incubou-se a 37 °C e registou-se a absorvância inicial. Adicionaram-se 200 uL de peróxido de hidrogénio à mistura, incubou-se a 37 °C no escuro e mediu-se a absorvância final exatamente após 3 minutos. As absorvâncias iniciais foram deduzidas da absorvância final para obter a absorvância A. Este valor foi então utilizado para calcular as capacidades antioxidantes em comparação com o antioxidante sintético Trolox (0,1 mM -0,4 mM), conforme descrito no ensaio FRAP.

3.2.16 As concentrações inibitórias mínimas (CIM) foram medidas através da microdiluição do caldo Mueller-Hinton seguindo as recomendações do NCCLS (2014) e **Ostrosky et al.** (2008). Cada extrato foi diluído para 6,25 a 800 p.g/mL, dispensando 16 LIL de extrato em cada um dos 96 poços de uma bandeja de microtitulação padrão contendo 179 LIL de caldo Mueller-Hinton, seguido de diluições de 2 vezes. O inóculo padronizado (5 LIL) foi adicionado para dar uma concentração final de 5 x 105 CFU/mL, atingindo um volume final de 100 LIL em cada poço. Como controlo positivo, foram adicionados 95 LIL e 5 LL de inóculos de bactérias a um poço. Após incubação ambiente a 37 °C durante 24 h, a CIM foi registada como a concentração mais baixa de extrato que inibe o crescimento visível em comparação com o controlo.

Capítulo 4

4. RESULTADOS E DEBATE

Tabela 4.1: Concentração de cálcio nas amostras de água

S.N.	Localização	Nome da amostra	Localização	Tipo de amostra	Ca (meq/l)
1	Ajamgarh	S1	Gorakhpur	Água da torneira	2
2	Jankipuram	S2	Lucknow	Água da torneira	1.8
3	Gudamba thana	S3	Lucknow	Água da torneira	2.3
4	Fajulaganj	S4	Lucknow	Água da torneira	1.9
5	Adil Nagar	S5	Lucknow	Água da torneira	2.2
6	Aliganj	S6	Lucknow	Água da torneira	2.5
7	Barabanki	S7	Lucknow	Água da torneira	1.6
8	Deva	S8	Barabanki	Água do lago	2
9	Chinhat	S9	Lucknow	Água do lago	2.2
10	Kukrail	S10	Lucknow	Água do lago	2.1
11	Kukrail	S11	Lucknow	Água do lago	1.4
12	BKT	S12	Lucknow	Água do lago	3
13	Bsawan Purwa	S13	Lucknow	Água do lago	3.2
14	Raitha	S14	Lucknow	Água do lago	1.8

15	Dhatingra (PW)	S15	Lucknow	Água do lago	2.5

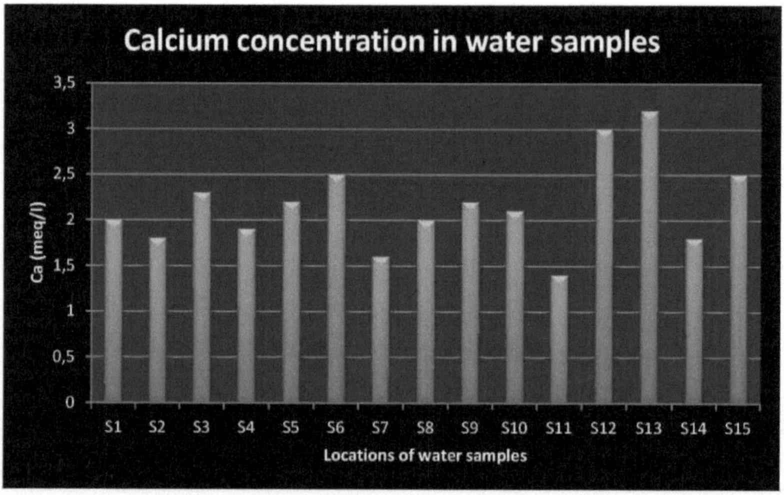

Gráfico 4.1: Concentração de cálcio nas amostras de água (S1-S15)

Quadro 4.2: Concentração de magnésio

S.N.	Localização	Nome da amostra	Localização	Tipo de amostra	Mg (meq/)
1	Ajamgarh	S1	Gorakhpur	Água da torneira	1.5
2	Jankipuram	S2	Lucknow	Água da torneira	1.2
3	Gudamba thana	S3	Lucknow	Água da torneira	1.5
4	Fajulaganj	S4	Lucknow	Água da torneira	0.8
5	Adil Nagar	S5	Lucknow	Água da torneira	1.2
6	Aliganj	S6	Lucknow	Água da torneira	1.5
7	Barabanki	S7	Lucknow	Água da torneira	1
8	Deva	S8	Barabanki	Água do lago	1.5
9	Chinhat	S9	Lucknow	Água do lago	1.5
10	Kukrail	S10	Lucknow	Água do lago	1.2
11	Kukrail	S11	Lucknow	Água do lago	0.8
12	BKT	S12	Lucknow	Água do lago	1.8
13	Bsawan Purwa	S13	Lucknow	Água do lago	1.5

14	Raitha	S14	Lucknow	Água do lago	1
15	Dhatingra (PW)	S15	Lucknow	Água do lago	1.5

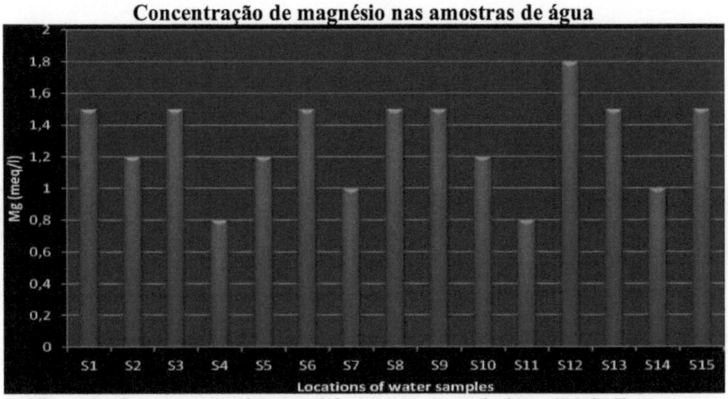

Gráfico 4.2: Concentração de magnésio nas amostras de água (**S1-S15**)

Tabela 4.3: Concentração de sódio nas amostras de água

S.N.	Localização	Nome da amostra	Localização	Tipo de amostra	Na (meq/l)
1	Ajamgarh	S1	Gorakhpur	Água da torneira	0.41
2	Jankipuram	S2	Lucknow	Água da torneira	0.19
3	Gudamba thana	S3	Lucknow	Água da torneira	0.61
4	Fajulaganj	S4	Lucknow	Água da torneira	0.19
5	Adil Nagar	S5	Lucknow	Água da torneira	0.43
6	Aliganj	S6	Lucknow	Água da torneira	0.35
7	Barabanki	S7	Lucknow	Água da torneira	0.37
8	Deva	S8	Barabanki	Água do lago	0.26
9	Chinhat	S9	Lucknow	Água do lago	0.42
10	Kukrail	S10	Lucknow	Água do lago	0.37
11	Kukrail	S11	Lucknow	Água do lago	0.29

12	BKT	S12	Lucknow	Água do lago	0.33
13	Bsawan Purwa	S13	Lucknow	Água do lago	0.371
14	Raitha	S14	Lucknow	Água do lago	0.51
15	Dhatingra (PW)	S15	Lucknow	Água do lago	0.26

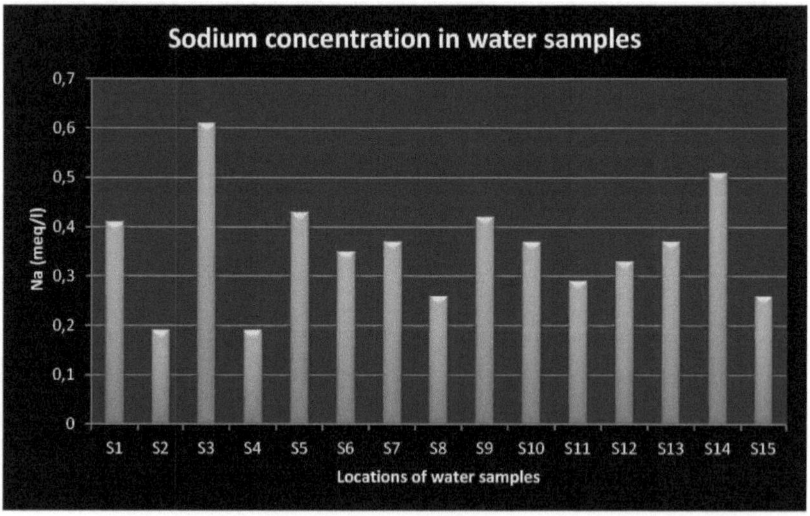

Gráfico 4.3: Concentração de carbonato de sódio nas amostras de água (S1-S15)

Tabela 4.4: Concentração de potássio

S.N.	Localização	Nome da amostra	Localização	Tipo de amostra	K (meq/l)
1	Ajamgarh	S1	Gorakhpur	Água da torneira	0.054
2	Jankipuram	S2	Lucknow	Água da torneira	0.044
3	Gudamba thana	S3	Lucknow	Água da torneira	0.059
4	Fajulaganj	S4	Lucknow	Água da torneira	0.054
5	Adil Nagar	S5	Lucknow	Água da torneira	0.041
6	Aliganj	S6	Lucknow	Água da torneira	0.083

7	Barabanki	S7	Lucknow	Água da torneira	0.093
8	Deva	S8	Barabanki	Água do lago	0.15
9	Chinhat	S9	Lucknow	Água do lago	0.142
10	Kukrail	S10	Lucknow	Água do lago	0.149
11	Kukrail	S11	Lucknow	Água do lago	0.107
12	BKT	S12	Lucknow	Água do lago	0.099
13	Bsawan Purwa	S13	Lucknow	Água do lago	0.117
14	Raitha	S14	Lucknow	Água do lago	0.162
15	Dhatingra (PW)	S15	Lucknow	Água do lago	0.112

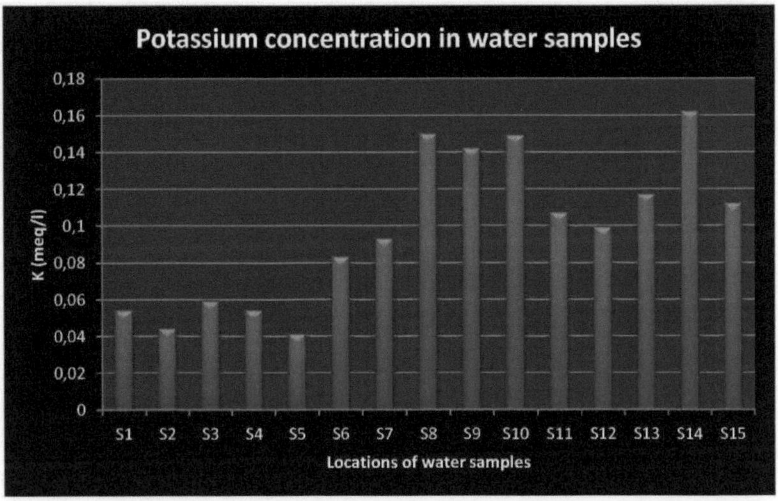

Gráfico 4.4: Concentração de potássio nas amostras de água (S1-S15)

Tabela 4.5: Cooncentração de carbonato em amostras de água

S.N.	Localização	Nome da amostra	Localização	Tipo de amostra	CO3
1	Ajamgarh	S1	Gorakhpur	Água da torneira	0.15
2	Jankipuram	S2	Lucknow	Água da torneira	0.25

3	Gudamba thana	S3	Lucknow	Água da torneira	0.1
4	Fajulaganj	S4	Lucknow	Água da torneira	0.15
5	Adil Nagar	S5	Lucknow	Água da torneira	0.25
6	Aliganj	S6	Lucknow	Água da torneira	0.2
7	Barabanki	S7	Lucknow	Água da torneira	0.15
8	Deva	S8	Barabanki	Água do lago	0.2
9	Chinhat	S9	Lucknow	Água do lago	0.1
10	Kukrail	S10	Lucknow	Água do lago	0.1
11	Kukrail	S11	Lucknow	Água do lago	0.15
12	BKT	S12	Lucknow	Água do lago	0.1
13	Bsawan Purwa	S13	Lucknow	Água do lago	0.2
14	Raitha	S14	Lucknow	Água do lago	0.15
15	Dhatingra (PW)	S15	Lucknow	Água do lago	0.25

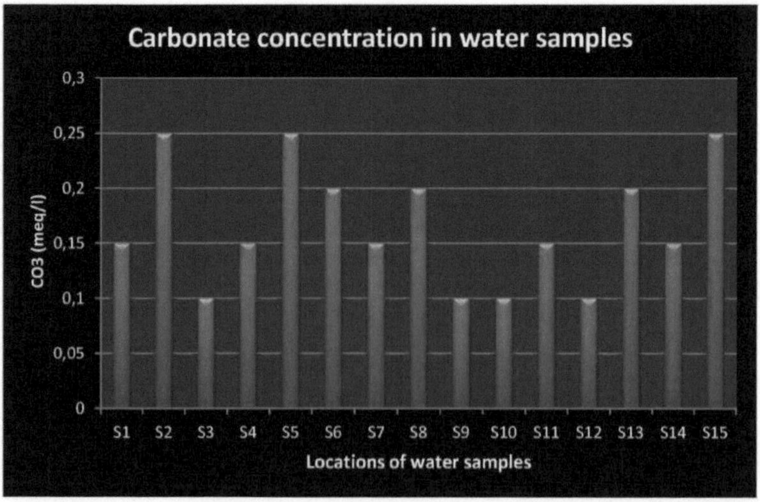

Gráfico 4.5: Concentração de carbonato nas amostras de água (S1-S15)

Tabela 4.6: Concentração de bicarbonato em amostras de água

S.N.	Localização	Nome da amostra	Localização	Tipo de amostra	HCO3 (meq/l)
1	Ajamgarh	S1	Gorakhpur	Água da torneira	3
2	Jankipuram	S2	Lucknow	Água da torneira	5
3	Gudamba thana	S3	Lucknow	Água da torneira	2
4	Fajulaganj	S4	Lucknow	Água da torneira	3
5	Adil Nagar	S5	Lucknow	Água da torneira	5
6	Aliganj	S6	Lucknow	Água da torneira	4
7	Barabanki	S7	Lucknow	Água da torneira	3
8	Deva	S8	Barabanki	Água do lago	4
9	Chinhat	S9	Lucknow	Água do lago	2
10	Kukrail	S10	Lucknow	Água do lago	2
11	Kukrail	S11	Lucknow	Água do lago	3

12	BKT	S12	Lucknow	Água do lago	2
13	Bsawan Purwa	S13	Lucknow	Água do lago	4
14	Raitha	S14	Lucknow	Água do lago	3
15	Dhatingra (PW)	S15	Lucknow	Água do lago	5

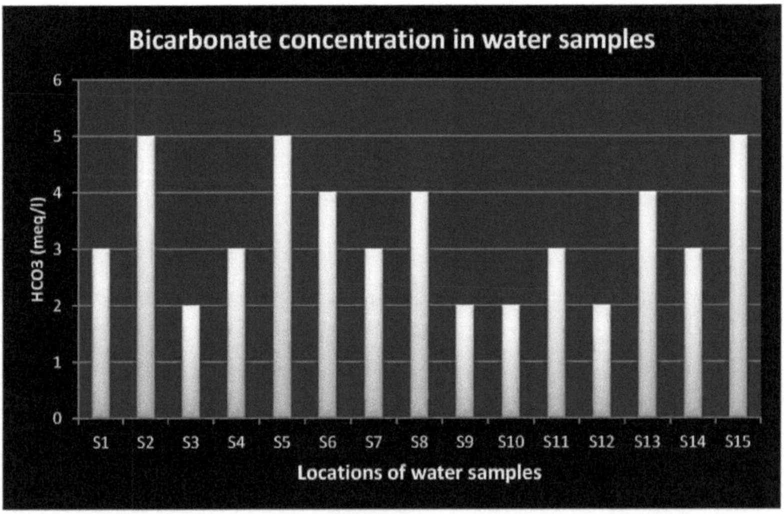

Gráfico 4.6: Concentração de bicarbonato nas amostras de água (S1-S15)

Tabela 4.7: Concentração de cloreto nas amostras de água

S.N.	Localização	Nome da amostra	Localização	Tipo de amostra	Cl
1	Ajamgarh	S1	Gorakhpur	Água da torneira	7.5
2	Jankipuram	S2	Lucknow	Água da torneira	6

3	Gudamba thana	S3	Lucknow	Água da torneira	3.5
4	Fajulaganj	S4	Lucknow	Água da torneira	6.5
5	Adil Nagar	S5	Lucknow	Água da torneira	7.5
6	Aliganj	S6	Lucknow	Água da torneira	8
7	Barabanki	S7	Lucknow	Água da torneira	6.5
8	Deva	S8	Barabanki	Água do lago	3.5
9	Chinhat	S9	Lucknow	Água do lago	4
10	Kukrail	S10	Lucknow	Água do lago	5.5
11	Kukrail	S11	Lucknow	Água do lago	6.5
12	BKT	S12	Lucknow	Água do lago	3.5
13	Bsawan Purwa	S13	Lucknow	Água do lago	4
14	Raitha	S14	Lucknow	Água do lago	5.5
15	Dhatingra (PW)	S15	Lucknow	Água do lago	7

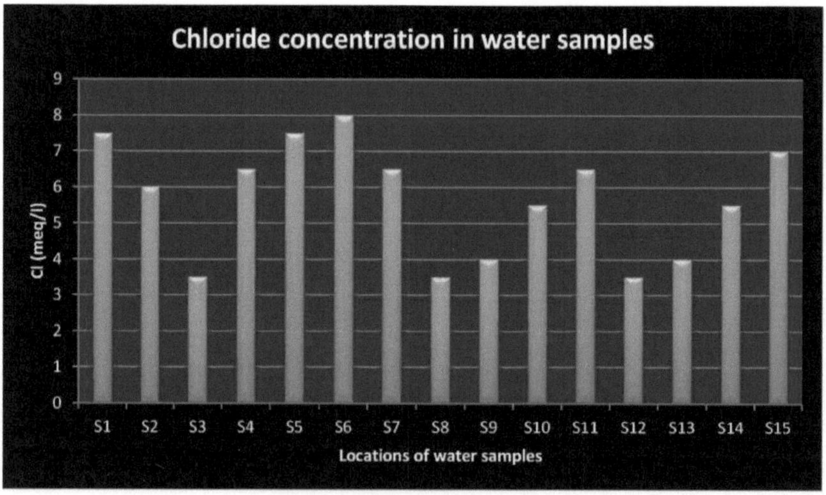

Gráfico 4.7: Concentração de cloreto nas amostras de água (S1-S15)

Tabela 4.8: pH das amostras de água

S.N.	Localização	Nome da amostra	Localização	Tipo de amostra	pH
1	Ajamgarh	S1	Gorakhpur	Água da torneira	7.3
2	Jankipuram	S2	Lucknow	Água da torneira	6.9
3	Gudamba thana	S3	Lucknow	Água da torneira	6.8
4	Fajulaganj	S4	Lucknow	Água da torneira	7.2
5	Adil Nagar	S5	Lucknow	Água da torneira	7.0
6	Aliganj	S6	Lucknow	Água da torneira	8.1
7	Barabanki	S7	Lucknow	Água da torneira	8.3
8	Deva	S8	Barabanki	Água do lago	7.1

9	Chinhat	S9	Lucknow	Água do lago	7.1
10	Kukrail	S10	Lucknow	Água do lago	8.2
11	Kukrail	S11	Lucknow	Água do lago	8.2
12	BKT	S12	Lucknow	Água do lago	8.3
13	Bsawan Purwa	S13	Lucknow	Água do lago	8.0
14	Raitha	S14	Lucknow	Água do lago	6.9
15	Dhatingra (PW)	S15	Lucknow	Água do lago	7.0

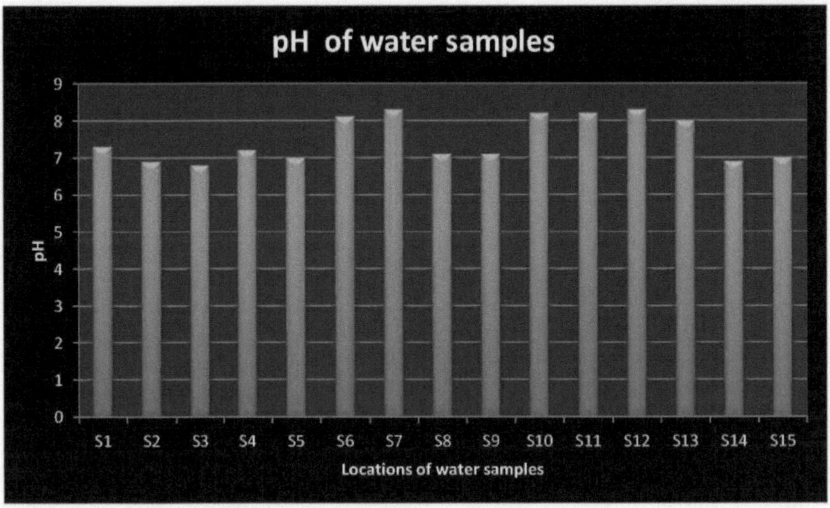

Gráfico 4.8: pH das amostras de água (S1-S15)

Quadro 4.9: Temperatura das amostras de água

S.N.	Localização	Nome da amostra	Localização	Tipo de amostra	Temperatura (°C)

1	Ajamgarh	S1	Gorakhpur	Água da torneira	21
2	Jankipuram	S2	Lucknow	Água da torneira	24.5
3	Gudamba thana	S3	Lucknow	Água da torneira	23
4	Fajulaganj	S4	Lucknow	Água da torneira	26.2
5	Adil Nagar	S5	Lucknow	Água da torneira	24
6	Aliganj	S6	Lucknow	Água da torneira	24
7	Barabanki	S7	Lucknow	Água da torneira	22
8	Deva	S8	Barabanki	Água do lago	23
9	Chinhat	S9	Lucknow	Água do lago	25.8
10	Kukrail	S10	Lucknow	Água do lago	26.1
11	Kukrail	S11	Lucknow	Água do lago	23.1

12	BKT	S12	Lucknow	Água do lago	22
13	Bsawan Purwa	S13	Lucknow	Água do lago	24
14	Raitha	S14	Lucknow	Água do lago	24
15	Dhatingra (PW)	S15	Lucknow	Água do lago	25

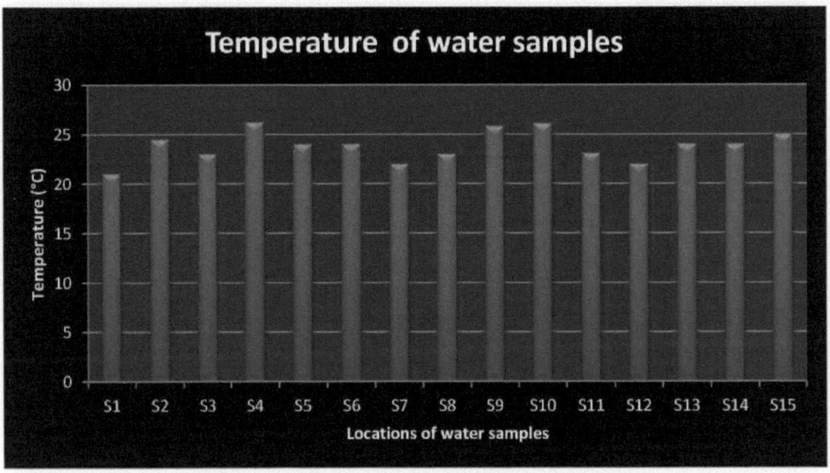

Gráfico 4.9: Temperatura das amostras de água (S1-S15)

ISOLAMENTO E IDENTIFICAÇÃO DE ISOLADOS

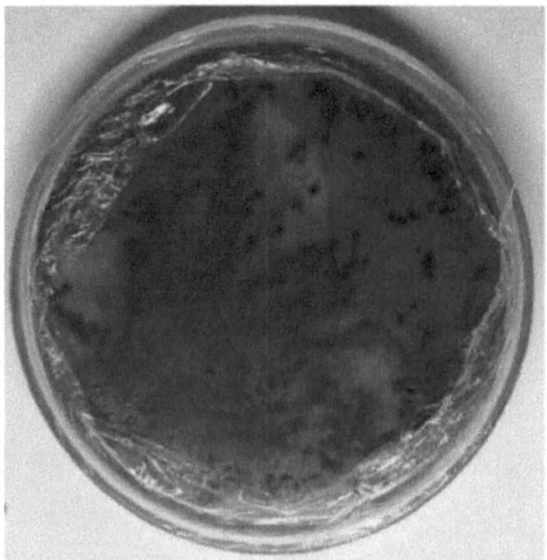

Fig 4.1: Espalhamento do meio TCBS agar com amostra de água (200 pl)
(a) Localização: Amostra de água de Adil Nagar (b) Colónia obtida Cor verde (c) Incubada a 37^0 C, 48 horas

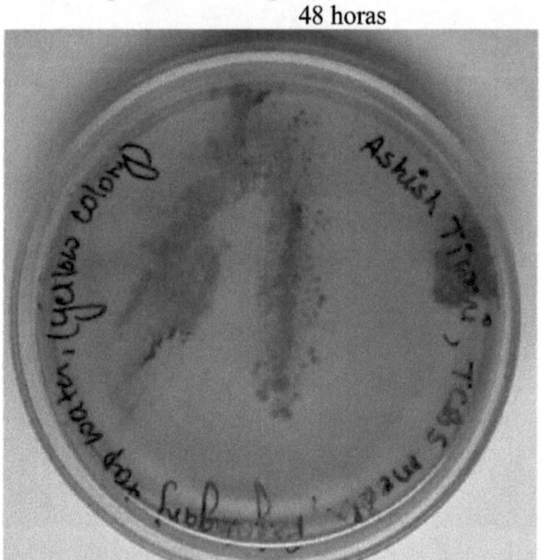

Fig 4.2: Espalhamento do meio TCBS agar com amostra de água (200 pl)
(a) Localização: Água da lagoa de Fajulaganj (b) Colónia obtida Cor amarela (c) Incubada a 37^0 C, 48 horas

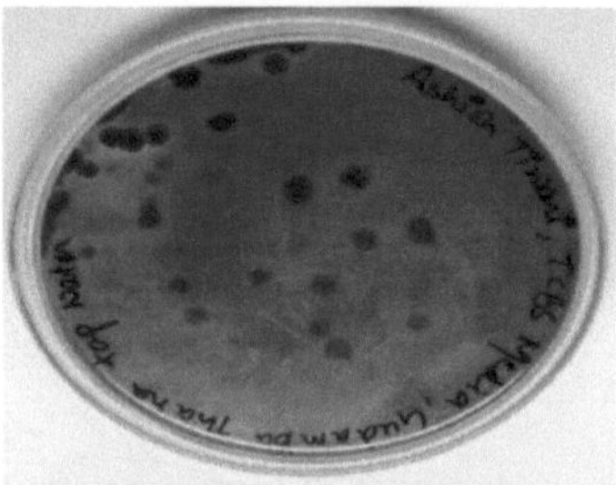

Fig. 4.3: Espalhamento do meio TCBS agar com amostra de água (200 pl)
(a) Localização: Amostra de Gudamba thana (b) Colónia obtida Cor verde (c) Incubada a 37^0 C, 48 horas

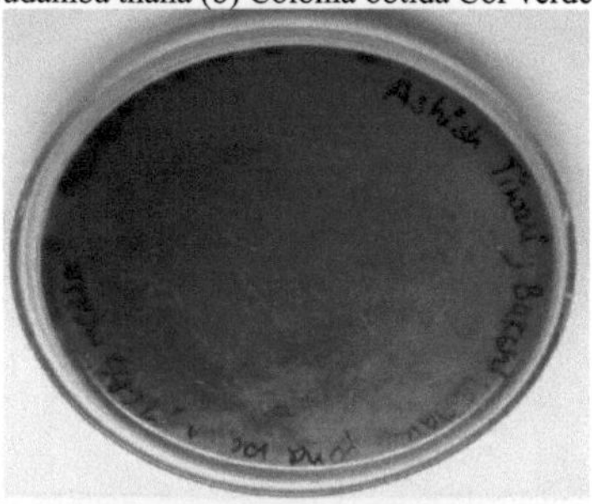

Fig. 4.4: Espalhamento do meio TCBS agar com amostra de água (200 pl)
(a) Localização: Bakshi ka talaab (b) Colónia obtida Cor verde (c) Incubada a 37^0 C, 48 horas

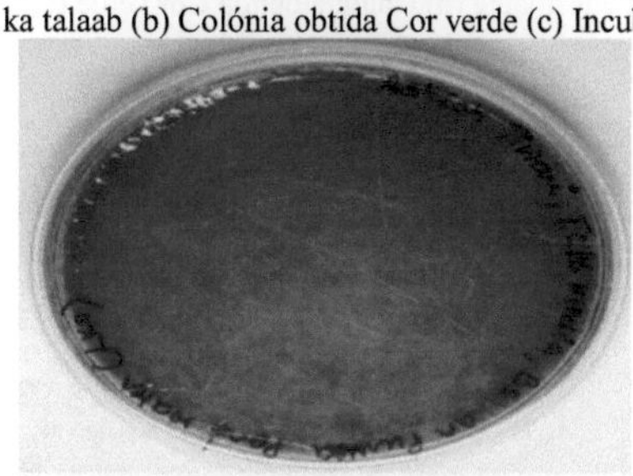

Fig 4.5: Espalhamento do meio TCBS agar com amostra de água (200pl)
(a) Localização: Água do lago de Bsawab purva (b) Colónia obtida Cor verde (c) Incubada a 37^0 C, 48 horas

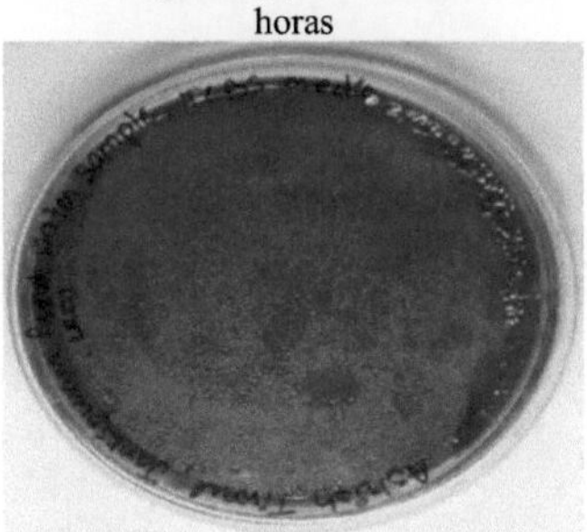

Fig 4.6: Espalhamento do meio TCBS agar com amostra de água (200 pl)
(a) Localização: Água do lago de Jankipuram (b) Colónia obtida Cor verde (c) Incubada a 37^0 C, 48 horas

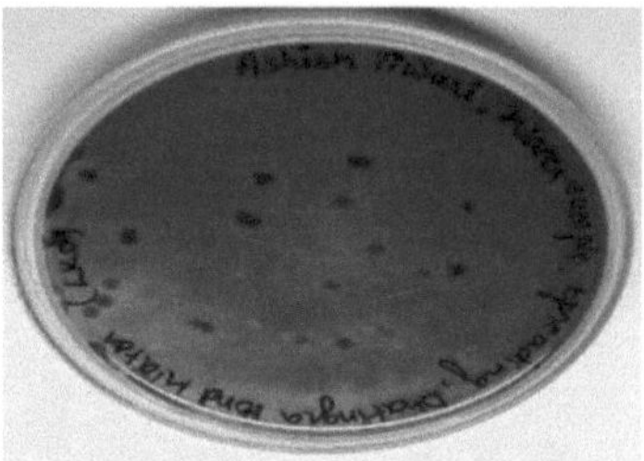

Fig 4.7: Espalhamento do meio TCBS agar com amostra de água (200 pl)
Localização: Dhatingra (b) Colónia obtida Cor verde (c) Incubada a 37^0 C, 48 horas

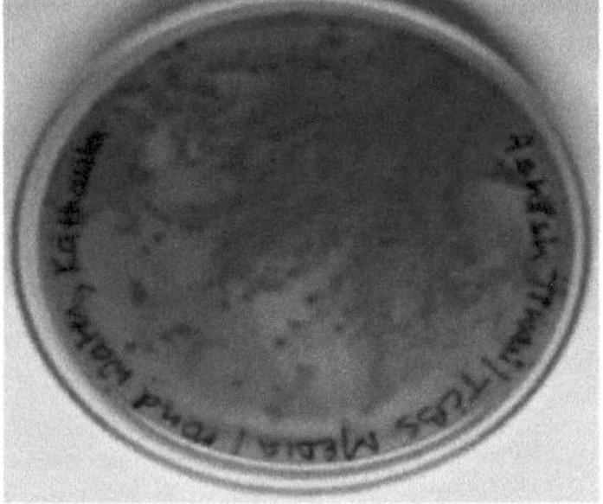

Fig 4.8: Espalhamento do meio TCBS agar com amostra de água (200 pl)
Localização: Água da lagoa de Kathauta (b) Colónia obtida Cor verde (c) Incubada a 37^0 C, 48 horas

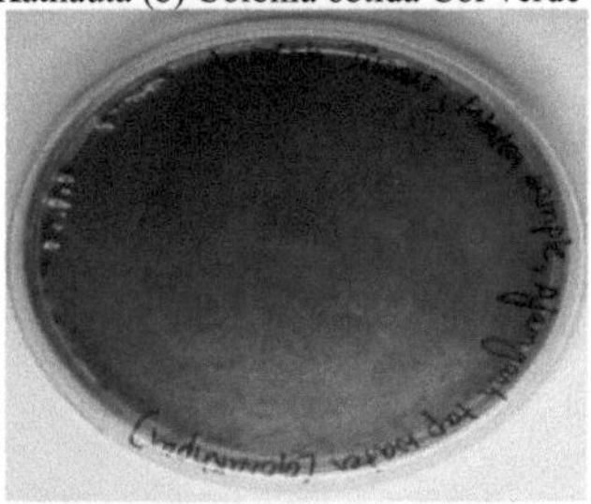

Fig 4.9: Espalhamento do meio TCBS agar com amostra de água (200 pl)
Localização: Água da torneira de Ajamgarh (b) Colónia obtida Cor verde (c) Incubada a 37^0 C, 48 horas

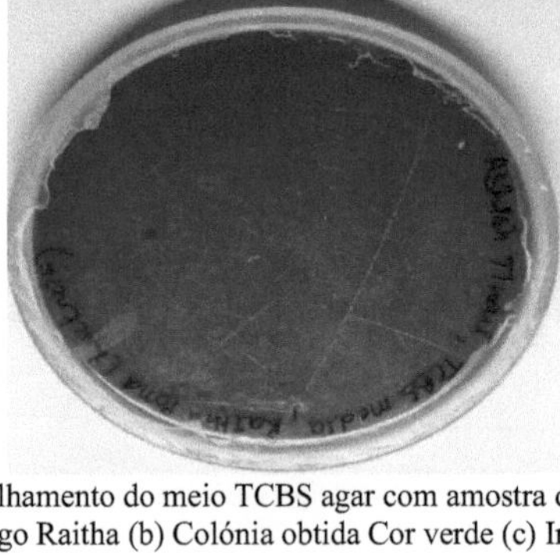

Fig 4.10: Espalhamento do meio TCBS agar com amostra de água (200 pl)
Localização: Água do lago Raitha (b) Colónia obtida Cor verde (c) Incubada a 37^0 C, 48 horas

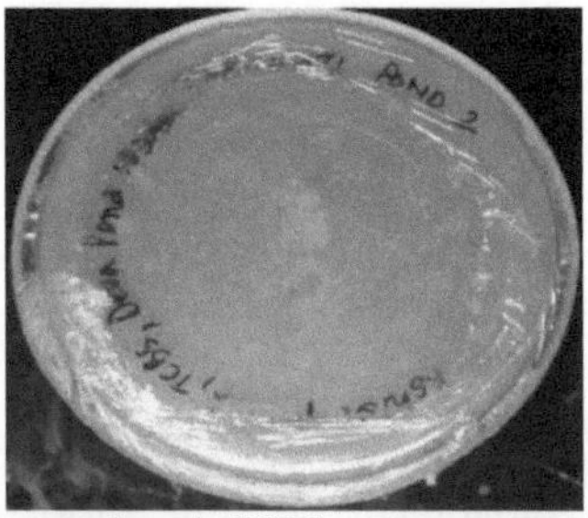

Fig 4.11: Espalhamento do meio TCBS agar com amostra de água (200 pl)
Localização: Água do lago Deva (b) A colónia obteve uma cor amarela (c) Incubada a 37⁰ C, 48 horas

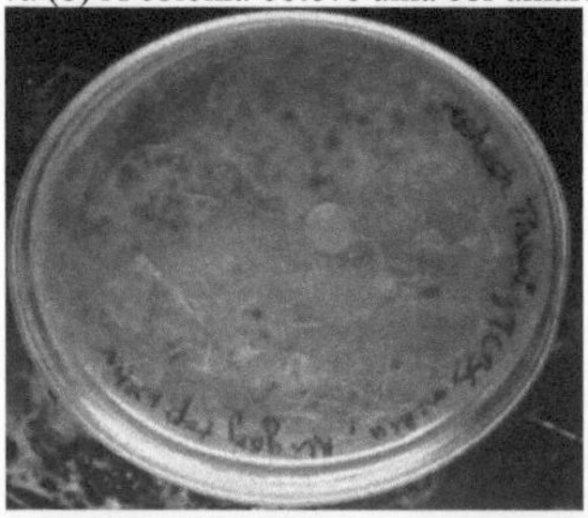

Fig 4.12: Espalhamento do meio TCBS agar com amostra de água (200 pl)
Localização: Água da torneira de Aliganj (b) Colónia obtida Cor verde (c) Incubada a 37⁰ C, 48 horas

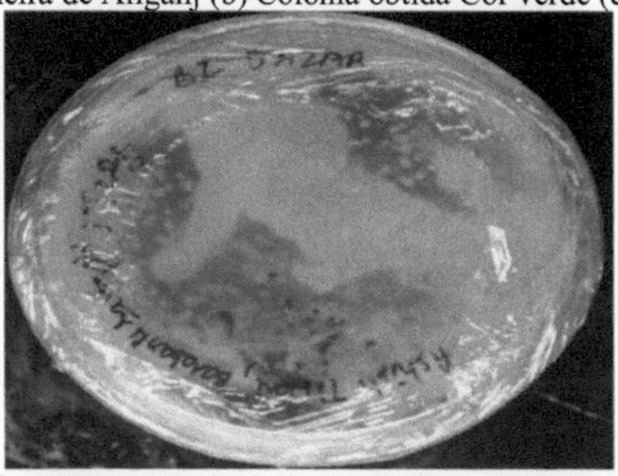

Fig. 4.13: Espalhamento em meio de ágar TCBS com amostra de água (200 pl)
Localização: Água da torneira de Barabanki (b) Colónia obtida Cor verde (c) Incubada a 37⁰ C, 48 horas

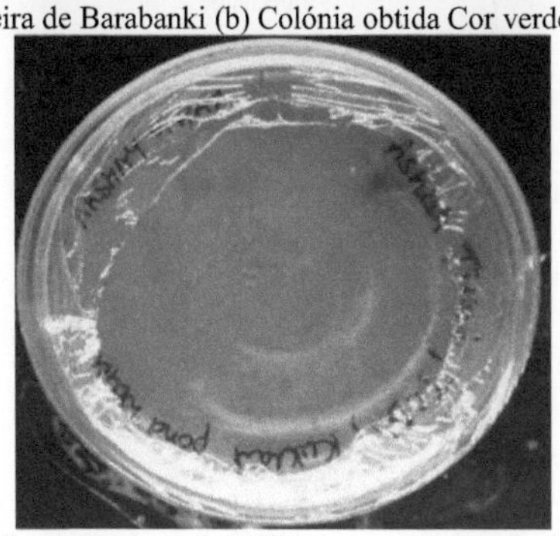

Fig 4.14: Espalhamento do meio TCBS agar com amostra de água (200 pl)
Localização: Água da lagoa de Kukrail (b) Colónia obtida Cor verde (c) Incubada a 37⁰ C, 48 horas

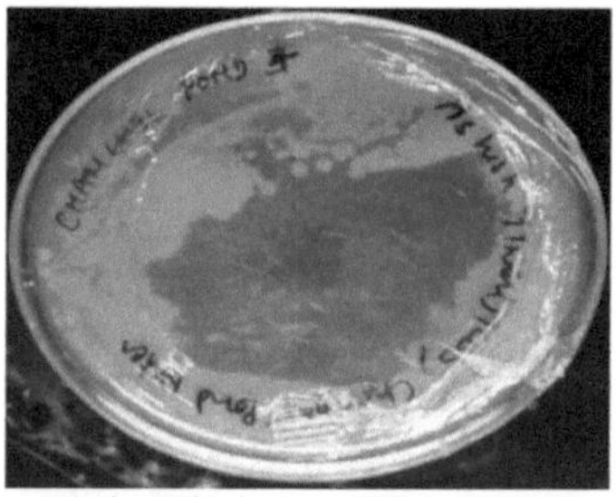

Fig. 4.15: Espalhamento do meio de ágar TCBS com amostra de água (200 pl)
Localização: Água da lagoa de Chaneri (b) A colónia obteve uma cor amarela (c) Incubada a 37^{0} C, 48 horas

Quadro 4.10: Aspeto das colónias observadas em placas de ágar TCBS espalhadas com amostras de água

S.N.	Nome da amostra	Localização	Colónia verde	Colónia amarela
1	Ajamgarh	Gorakhpur	/	□
2	Jankipuram	Lucknow	/	□
3	Gudamba thana	Lucknow	/	□
4	Fajulaganj	Lucknow	□	/
5	Adil Nagar	Lucknow	/	□
6	Aliganj	Lucknow	/	□
7	Barabanki	Barabanki	□	/
8	Deva	Lucknow	□	/
9	Chinhat	Lucknow	□	/
10	Kukrail (Água da lagoa)	Lucknow	/	□
11	Kathauta (Água da lagoa)	Lucknow	/	□
12	Bakshi Ka Talaab (Água da lagoa)	Lucknow	/	□
13	Bsawan Purwa (Água da lagoa)	Lucknow	/	□
14	Raitha (água do lago)	Lucknow	/	□
15	Dhatingra (Água do lago)	Lucknow	/	/

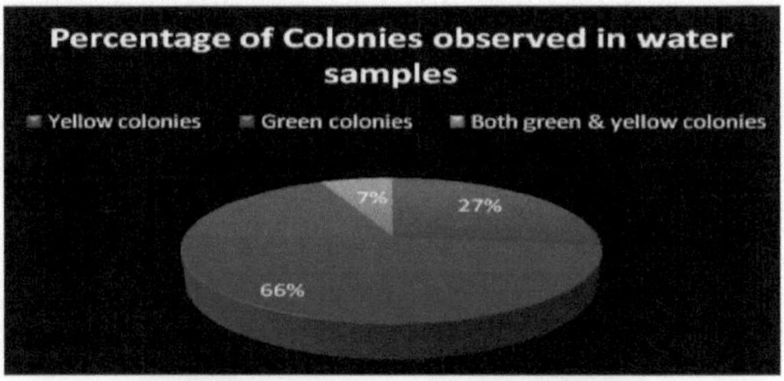

Fig. 4.16: Gráfico comparativo das colónias amarelas, verdes e de ambas as colónias nas amostras de água utilizadas para o estudo

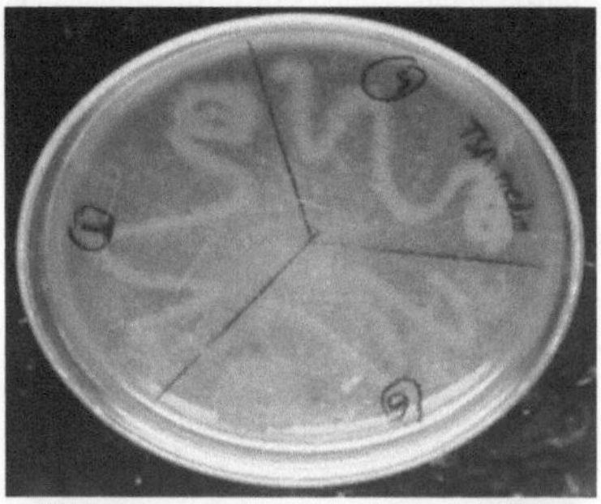

Fig. 4.17: Estrias em meio de ágar TSA com a respectiva colónia colorida

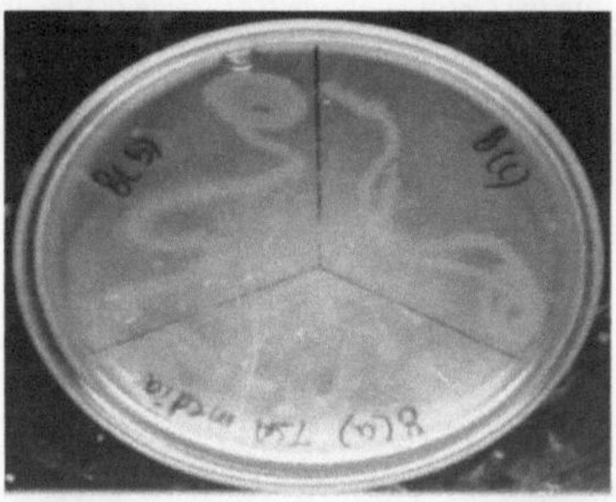

Fig 4.22: Estratificação em meio de ágar TSA com colónia de cor amarela
Localização: Deva (b) Colónia obtida de cor amarela (c) Incubada a 37^0 C, 48 horas

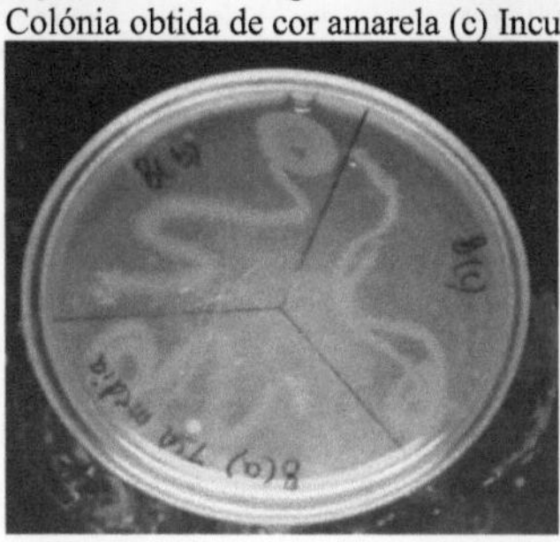

Fig 4.23: Estratificação em meio de ágar TSA com colónia de cor amarela
Localização: Chinhat (b) Colónia obtida de cor amarela (c) Incubada a 37^0 C, 48 horas

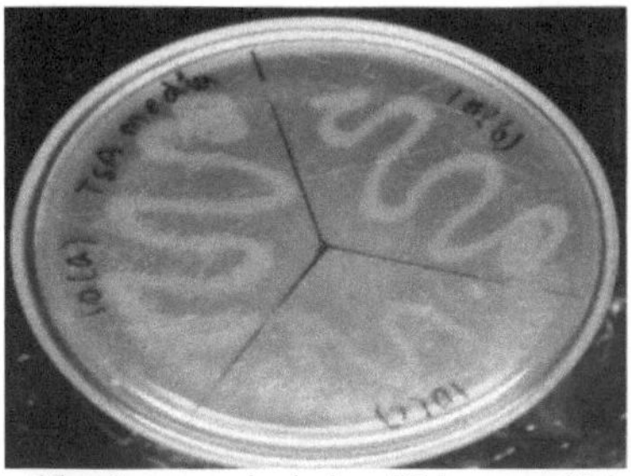

Fig 4.24: Estratificação em meio de ágar TSA com colónia de cor verde
Localização: Kukrail (b) Colónia obtida Cor verde (c) Incubado a 37^0 C, 48 horas

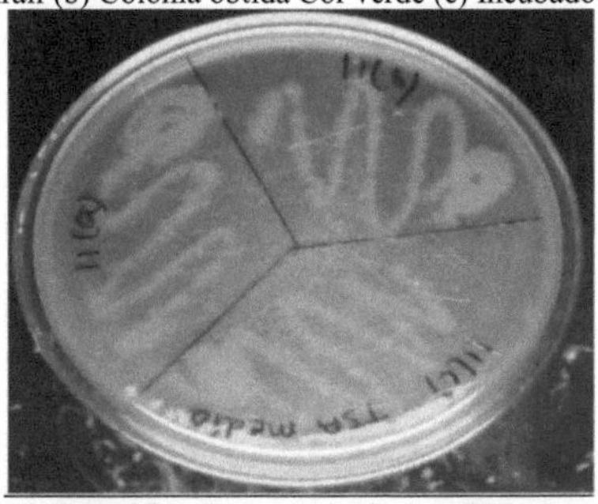

Fig. 4.25: Estratificação em meio de ágar TSA com colónia de cor verde
Localização: Kathauta (b) Colónia obtida Cor verde (c) Incubada a 37^0 C, 48 horas

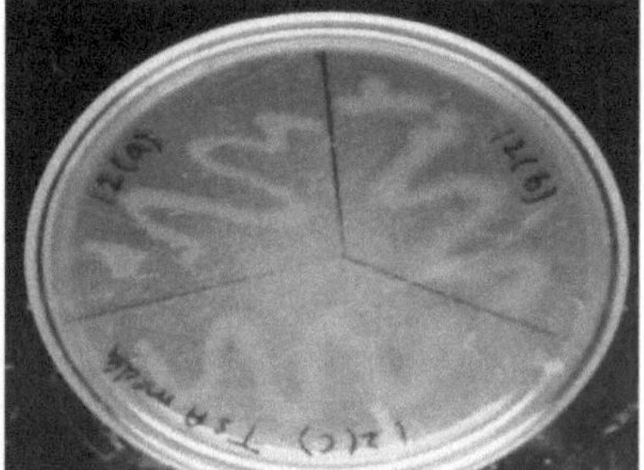

Fig. 4.26: Estratificação em meio de ágar TSA com colónia de cor verde
Localização: Bakshi Ka Talaab (b) Colónia obtida Cor verde (c) Incubada a 37^0 C, 48 horas

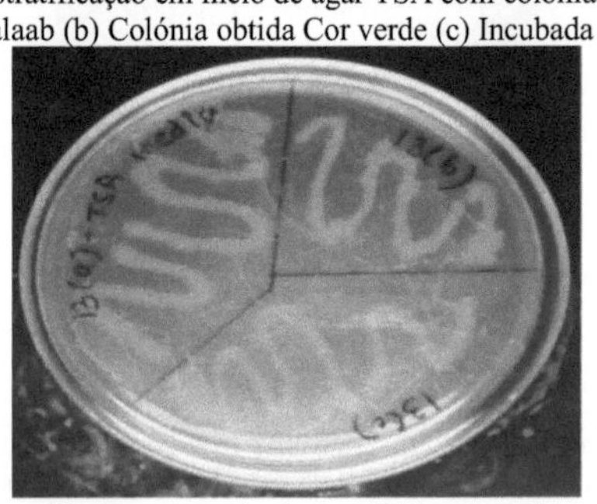

Fig. 4.27: Estratificação em meio de ágar TSA com colónia de cor verde
Localização: Água da lagoa de Bsawan Purva (b) Colónia obtida Cor verde (c) Incubada a 37^0 C, 48 horas

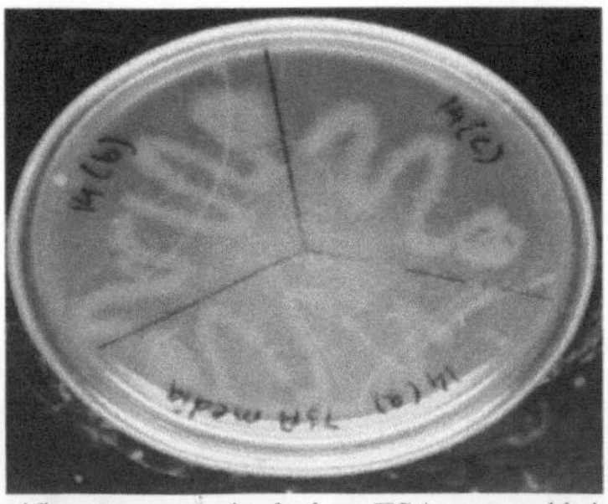

Fig4.28: Estratificação em meio de ágar TSA com colónia de cor verde
Localização: Água do lago Raitha (b) Colónia obtida Cor verde (c) Incubada a 37^0 C, 48 horas

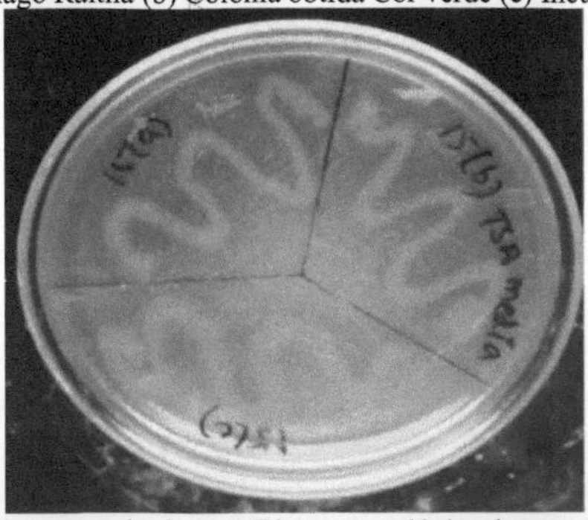

Fig. 4.29: Estrias em meio de ágar TSA com colónias de cor verde e amarela
Localização: Água da lagoa de Dhatingra (b) Colónia obtida Cor verde e amarela (c) Incubada a 37^0 C, 48 horas

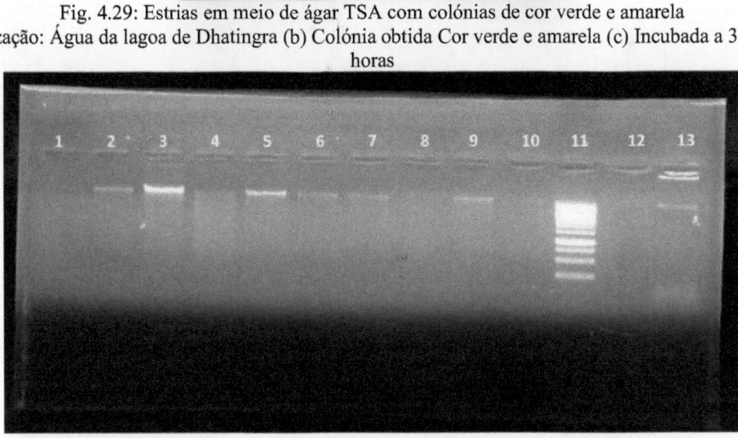

Fig 4.30: (a) Um gel de agarose a 0,8 %, mostrando ADN genómico isolado nas linhas **1-10**, 12 e 13, corado com brometo de etídio e visualizado à luz UV (b) Linha 11: Marcador, linhas 1,2 e 3 - Ajamgarh, linhas 4,5 e 6 - Jankipuram; linhas 7, 8 e 9 - Gudamba thana; linhas 10, 12 e 13 - Fajulaganj

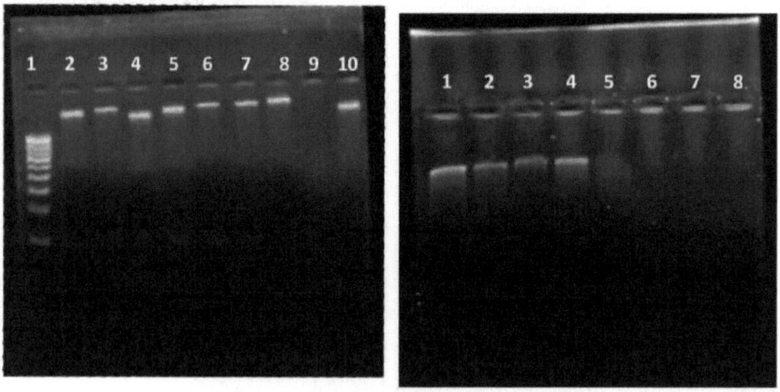

(a) *(b)*

Fig 4.31: Um gel de agarose a 0,8 %, mostrando ADN genómico isolado, corado com brometo de etídio e visualizado sob luz UV (a) Linha 1:Marcador, Linhas 2,3 e 4- Adil Nagar, Linhas 5,6 e 7 -Aliganj; Linhas 8, 9 e 10:Baeabanki; (b) Linhas 1,2 e 3:Deva; Linhas 4,5 e 6:Chinhat; Linha 7:Raitha; Linha 8: Dhatingra

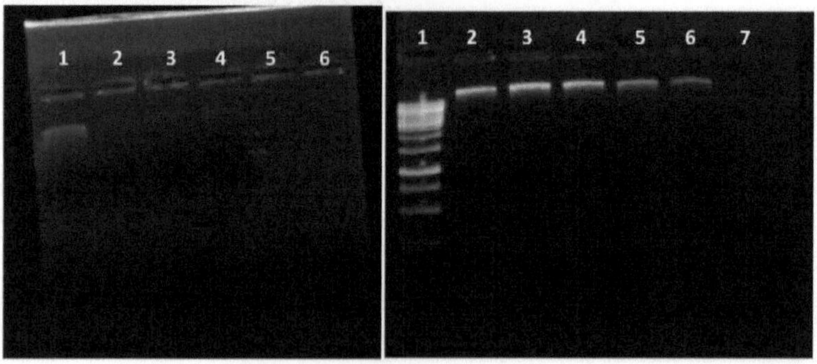

(a) *(b)*

Fig 4.32: Gel de agarose a 0,8 %, mostrando ADN genómico isolado corado com brometo de etídio e visualizado sob luz UV (a) Pista 1,2 e 3- Kukrail, Pista 4,5 e 6 -Kathauta;(b) Pista 1: Marcador; Pistas 2, 3 e 4: Bakshi Ka Talaab; b) Pistas 5 e 6: Bsawan Purwa

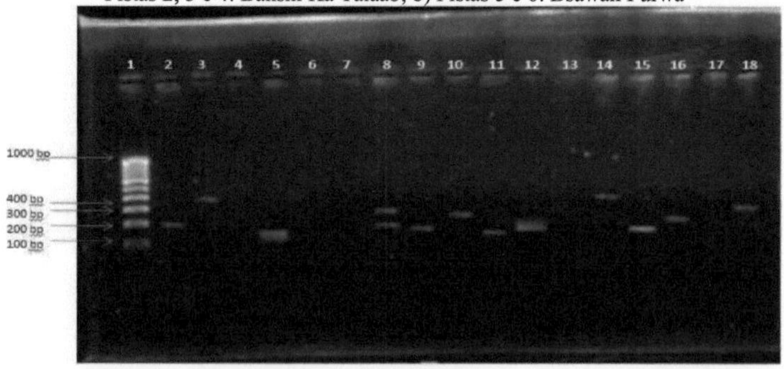

Fig 4.33: PCR multiplex de amostras de água utilizando 5 primers específicos de espécies com amostras bacterianas isoladas

de diferentes amostras de água (a) Um gel de agarose a 1,2%, mostrando a banda amplificada na pista 2-18, corada com brometo de etídio e visualizada sob luz UV (b) Pista 1: Marcador, Pista 2-18 - Produtos de PCR amplificados de diferentes amostras de água de locais variados. A presença de bandas amplificadas mostra a presença de espécies **de** vibrio nestas espécies de água (c) Tamanhos dos amplicons para cinco espécies de vibrio: V_A - !44bp , V_V - 412 bp , VC - 375 pb , VM- 177 pb, Vp - 96 pb.

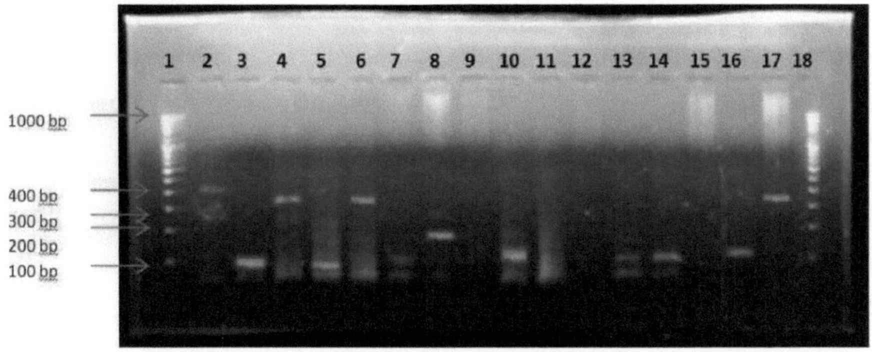

Fig 4.34: PCR multiplex de amostras de água utilizando 5 primers específicos de espécies com amostras bacterianas isoladas
de diferentes amostras de água (a) Um gel de agarose a 1,2%, mostrando a banda amplificada na pista 2-18, corada com brometo de etídio e visualizada sob luz UV (b) Pista 1: Marcador, Pista 2-18 - Produtos de PCR amplificados de diferentes amostras de água de locais variados.A presença de bandas amplificadas mostra a presença de espécies de vibrio
nestas espécies de água (c) Tamanhos dos amplicons para cinco espécies de vibrio: VA - 144 pb , VV - 412 pb , VC- 375 pb , VM- 177 pb, Vp - 96 pb.

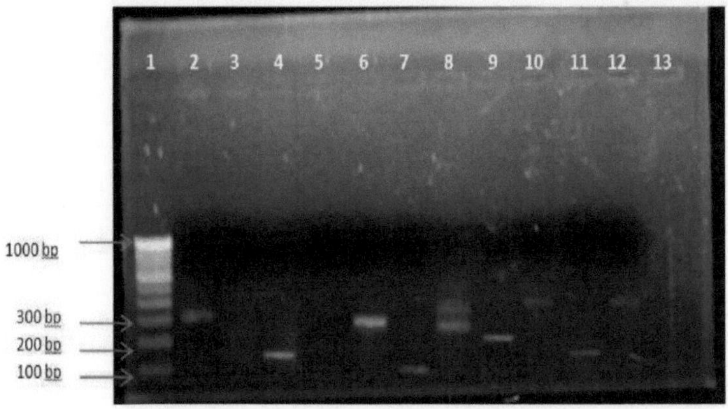

Fig 4.35: PCR multiplex de amostras de água utilizando 5 primers específicos de espécies com amostras bacterianas isoladas de diferentes amostras de água (a) Um gel de agarose a 1,2%, mostrando a banda amplificada na pista 2-13, corada com
brometo de etídio e visualizada sob luz UV (b) Pista 1: Marcador, Pista 2-13 - Produtos de PCR amplificados de diferentes amostras de água de locais variados.A presença de bandas amplificadas mostra a presença de espécies de vibrio nestas espécies de água (c) Tamanhos dos amplicons para cinco espécies de vibrio: VA - 144 pb, VV - 412 pb,
VC - 375 pb, VM - 177 pb, VP - 96 pb.

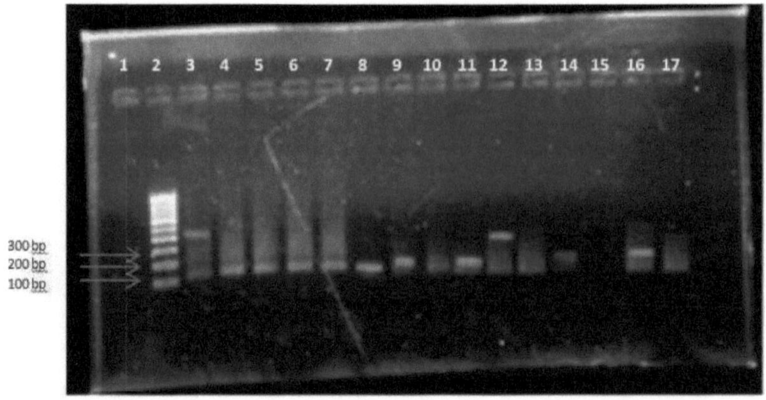

Fig 4.36: PCR multiplex de amostras de água utilizando 5 primers específicos de espécies com amostras bacterianas isoladas de diferentes amostras de água (a) Um gel de agarose a 1,2%, mostrando a banda amplificada na pista 3-17, corada com brometo de etídio e visualizada sob luz UV (b) Pista 2: Marcador, Pista 3-17 - Produtos de PCR amplificados de diferentes amostras de água de locais variados.A presença de bandas amplificadas mostra a presença de espécies de vibrio nestas espécies de água (c) Tamanhos dos amplicons para cinco espécies de vibrio: VA - !44hp , V_V - 412 bp , VC- 375 pb , VM- 177 pb, VP - 96 pb.

Tabela 4.11: Fragmentos da banda amplificada observados no gel de agarose após a amplificação por mPCR

S.N.	Nome da amostra	Localização	Vc	VA	VP	VM	Vv
1	Ajamgarh	Gorakhpur	□	□		/	□
2	Jankipuram	Lucknow	□	□	□	□	/
3	Gudamba thana	Lucknow	□	□	/	□	/
4	Fajulaganj	Lucknow	□	/	□	□	□
5	Adil Nagar	Lucknow	/	□	□	/	□
6	Aliganj	Lucknow	□	□	□	□	□
7	Barabanki	Barabanki	□	/	□	□	□
8	Deva	Lucknow	□	/	□	□	□

9	Chinhat	Lucknow	□	/	□	□	□
10	Kukrail (Água da lagoa)	Lucknow	□	□	/	□	□
11	Kathauta (Água da lagoa)	Lucknow	□	□	□	□	/
12	Bakshi Ka Talaab (Água da lagoa)	Lucknow	□	□	/	□	□
13	Bsawan Purwa (Água da lagoa)	Lucknow	□	□	□	/	□
14	Raitha (água do lago)	Lucknow	□	□	/	□	□
15	Dhatingra (Água do lago)	Lucknow	/	/	□	□	□

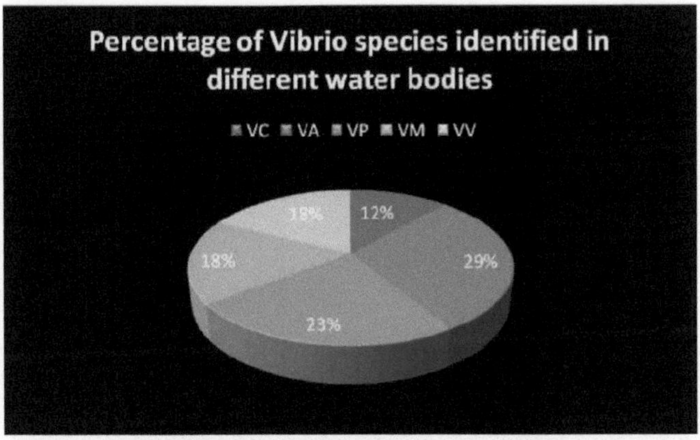

Fig. 4.37: Gráfico que representa a percentagem de espécies de vibriões observadas em diferentes massas de água

ACTIVIDADE ANTIMICROBIANA DOS EXTRACTOS

Cravinho (Syzygium aromaticum)

Tabela 4.12: Atividade antimicrobiana do extrato de cravinho (Syzygium aromaticum) em 3 solventes diferentes contra diferentes Vibrio spp.

Cravo (Zona de inibição em mm)

Espécies	AE	EE	ME	PC	NC
VC	0.0 ± 0.0	20 ± 0.62	20.6 ± 0.66	30 ± 0.71	0.0 ± 0.0
VP	0.0 ± 0.0	19.1 ± 0.61	0.0 ± 0.0	32 ± 0.71	0.0 ± 0.0
VA	20 ± 0.62	18.3 ± 0.54	16.6 ± 0.52	29 ± 0.64	0.0 ± 0.0
VM	20 ± 0.62	16.4 ± 0.52	12.3 ± 0.43	29.5 ± 0.64	0.0 ± 0.0
VV	21.2 ± 0.6	21.8 ± 0.71	15.9 ± 0.42	30 ± 0.66	0.0 ± 0.0

* VC= V. cholera; V_P =V. parahaemolyticus; V_V = V. vulnificus; VM= V. mimicus; VA= V. alginolyticus

*AE= Extrato em acetona; EE= Extrato em etanol; ME= Extrato em metanol; PC= Controlo positivo; NC= Controlo negativo

**Os valores são expressos como média ± desvio padrão das três réplicas (n=3); a zona de inibição não inclui o diâmetro do poço.

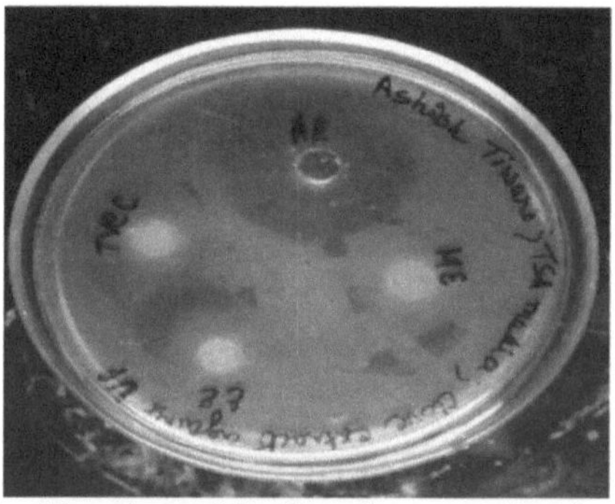

Fig 4.38: Atividade antimicrobiana do cravinho (Syzygium aromaticum) contra V. parahaemolyticus pelo método de difusão em Agar Well; Meios utilizados: Ágar Triptona de Soja: Diâmetro do poço: 5 mm; Incubado a 37^0 C, 48 horas

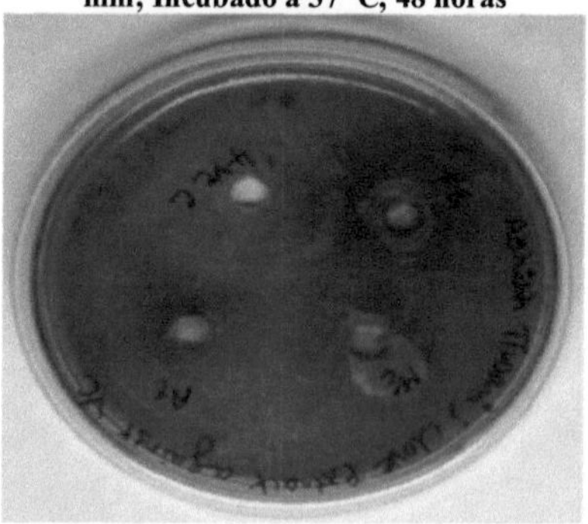

Fig. 4.39: Atividade antimicrobiana do cravinho (Syzygium aromaticum) contra V. cholera pelo método de difusão em Agar Well; meios utilizados: Ágar Triptona de Soja: Diâmetro do poço: 5 mm; Incubado a 37^0 C, 48 horas

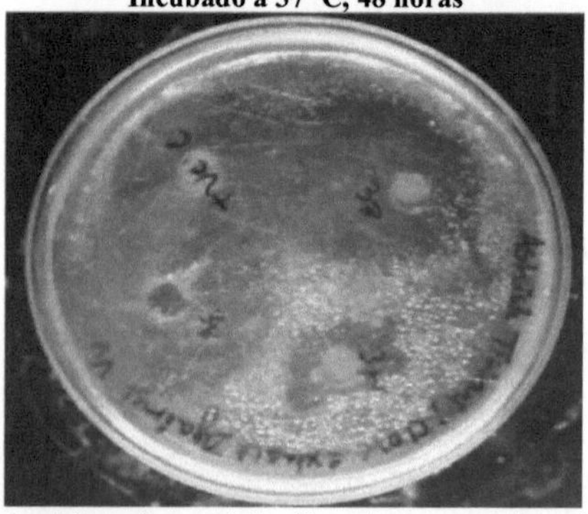

Fig 4.40: Atividade antimicrobiana do cravinho (Syzygium aromaticum) contra V.vulnificus pelo método de difusão em Agar Well; Meios utilizados: Ágar Triptona de Soja: Diâmetro do poço: 5 mm; Incubado a 37^0 C, 48 horas

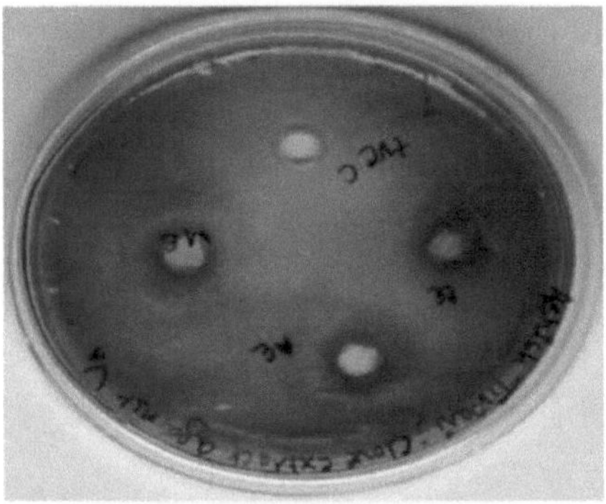

Fig 4.41: Atividade antimicrobiana do cravinho (Syzygium aromaticum) contra V. alginolyticus pelo método de difusão em Agar Well; Meios utilizados: Ágar Triptona de Soja: Diâmetro do poço: 5 mm; Incubado a 37^0 C, 48 horas

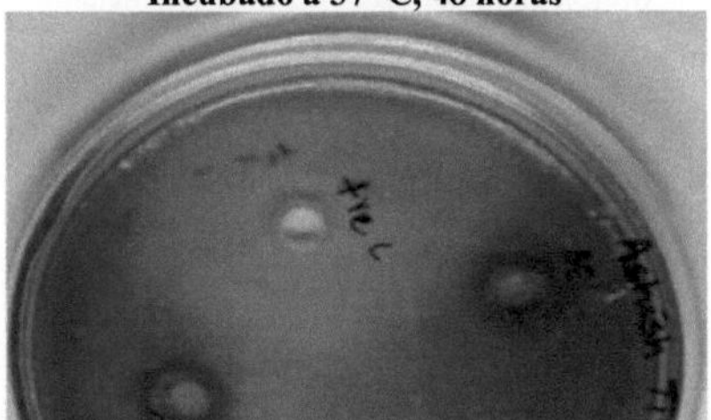

Fig4.42:Atividade antimicrobiana do cravinho (Syzygium aromaticum) contra V.mimicus pelo método de difusão em Agar Well; Meios utilizados: Ágar Triptona de Soja: Diâmetro do poço: 5 mm; Incubado a 37^0 C, 48 horas

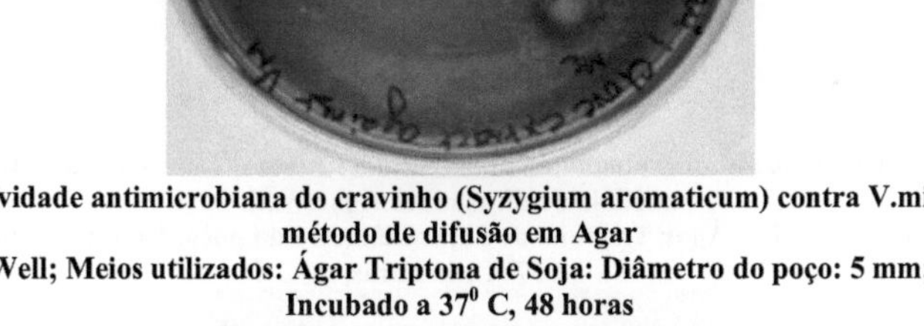

Gráfico 4.10: Atividade antibacteriana do cravinho contra Vibrio Spp.

<u>Alho (Allium sativum)</u>

Quadro 4.13: Atividade antimicrobiana do extrato de alho (Allium sativum) em 3 solventes diferentes contra diferentes Vibrio spp.

Alho (Zona de inibição em mm)

Espécies bacterianas	AE	EE	ME	PC	NC
V_C	0.0 ± 0.0	18 ± 0.33	21.1 ± 0.63	30 ± 1.0	0.0 ± 0.0
V_P	20.1 ±0.62	16 ± 0.52	11.3 ± 0.39	32 ± 0.98	0.0 ± 0.0
V_A	0.0 ± 0.0	20.7 ± 0.61	0.0 ± 0.0	29 ± 0.72	0.0 ± 0.0
V_M	20 ± 0.62	18.4 ± 0.32	16 ± 0.52	29.5 ± 0.73	0.0 ± 0.0
V_V	19 ± 0.59	17 ± 0.32	15.7 ± 0.41	30 ± 1.0	0.0 ± 0.0

* V_C = V. cholera; V_P =V. parahaemolyticus; V_V = V. vulnificus; V_M = V. mimicus; V_A = V. alginolyticus

*AE= Extrato em acetona; EE= Extrato em etanol; ME= Extrato em metanol; PC= Controlo positivo; NC= Controlo negativo

**Os valores são expressos como média ± desvio padrão das três réplicas (n=3); a zona de inibição não inclui o diâmetro do poço.

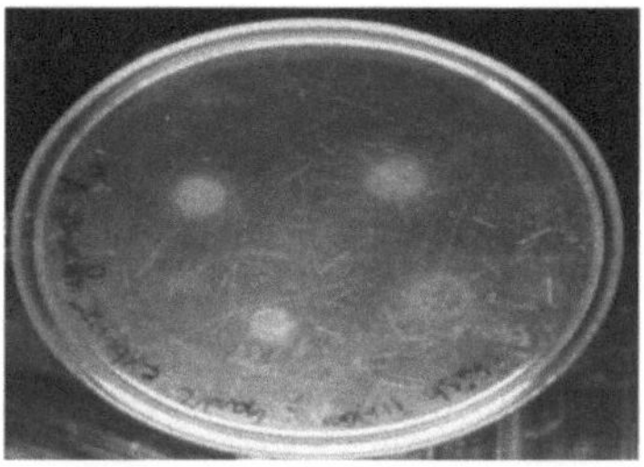

Fig 4.43: Atividade antimicrobiana do alho (Allium sativum) contra V. vulnificus pelo método de difusão em Agar Well ; meios utilizados: Ágar Triptona de Soja: Diâmetro do poço: 5 mm; Incubado a 37^0 C, 48 horas

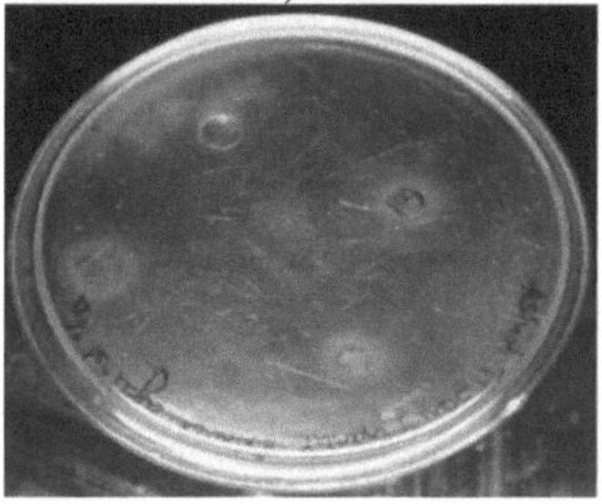

Fig 4.44: Atividade antimicrobiana do alho (Allium sativum) contra V. alginolyticus pelo método de difusão em Agar Well; meios utilizados: Ágar Triptona de Soja: Diâmetro do poço: 5 mm; Incubado a 37^0 C, 48 horas

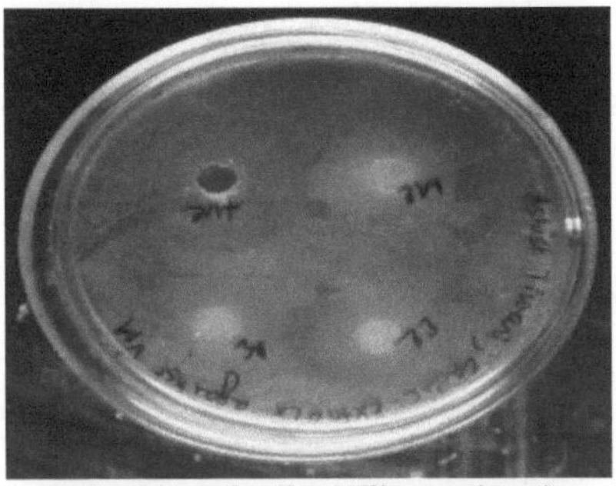

Fig 4.45: Atividade antimicrobiana do alho (Allium sativum) contra V. mimicus pelo método de difusão em Agar Well ; meios utilizados: Ágar Triptona de Soja: Diâmetro do poço: 5 mm; Incubado a 37⁰ C, 48 horas

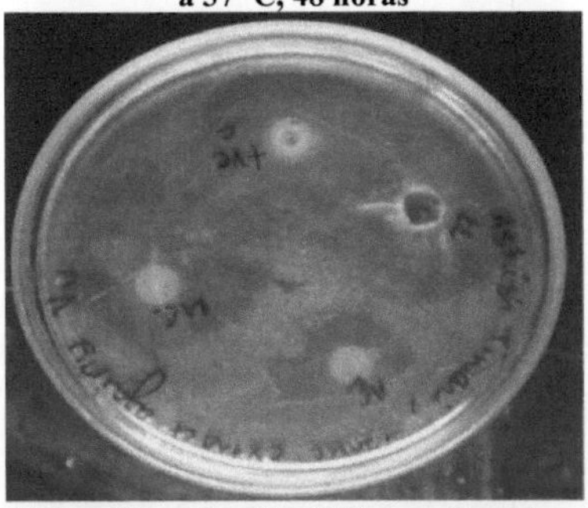

Fig 4.46: Atividade antimicrobiana do alho (Allium sativum) contra V. vulnificus pelo método de difusão em Agar Well ; meios utilizados: Ágar Triptona de Soja: Diâmetro do poço: 5 mm; Incubado a 37⁰ C, 48 horas

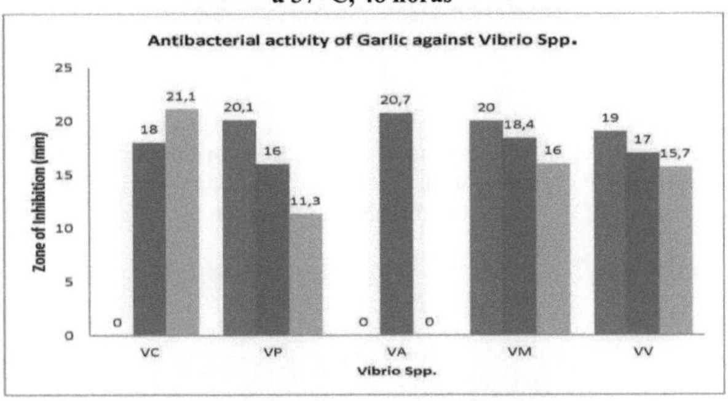

Gráfico 4.11: Atividade antibacteriana do alho contra Vibrio Spp.

<u>Cardamomo (Elettaria cardamomum)</u>

Quadro 4.14: Atividade antimicrobiana do extrato de cardamomo (Elettaria cardamomum) em 3 solventes diferentes contra diferentes Vibrio spp.

<u>Cardamomo (Zona de inibição em mm)</u>

Espécies bacterianas	AE	EE	ME	PC	NC
VC	0.0 ± 0.0	0.0 ± 0.0	0.0 ± 0.0	28.7 ± 0.7	0.0 ± 0.0

V_P	4.1 ± 0.23	3.8 ± 0.18	4.2 ± 0.21	28.7 ± 0.7	0.0 ± 0.0
V_A	13 ± 0.59	13.2 ± 0.52	11.1 ± 0.1	32 ± 0.84	0.0 ± 0.0
V_M	5.4 ± 0.21	0.0 ± 0.0	0.0 ± 0.0	30 ± 0.74	0.0 ± 0.0
V_V	0.0 ± 0.0	10 ± 0.41	5.8 ± 0.33	28.7 ± 0.7	0.0 ± 0.0

* V_C = V. cholera; V_P =V. parahaemolyticus; V_V = V. vulnificus; V_M = V. mimicus; V_A = V. alginolyticus

*AE= Extrato em acetona; EE= Extrato em etanol; ME= Extrato em metanol; PC= Controlo positivo; NC= Controlo negativo

**Os valores são expressos como média ± desvio padrão das três réplicas (n=3); a zona de inibição não inclui o diâmetro do poço.

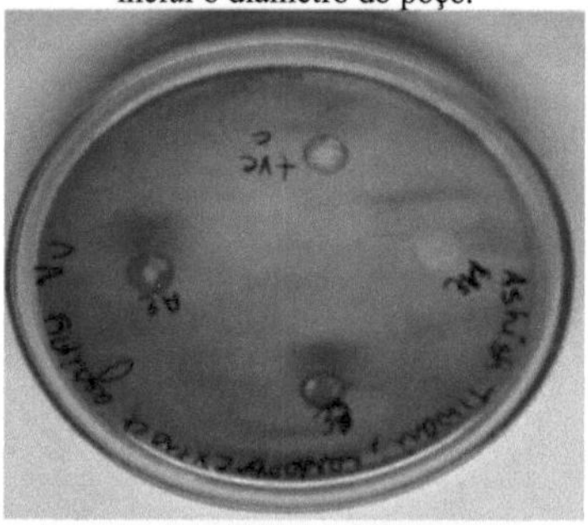

Fig 4.47: Atividade antimicrobiana do cardamomo (Elettaria cardamomum) contra V. vulnificus pelo método de difusão em Agar Well; Meios utilizados: Ágar Triptona de Soja: Diâmetro do poço: 5 mm; Incubado a 37⁰ C, 48 horas

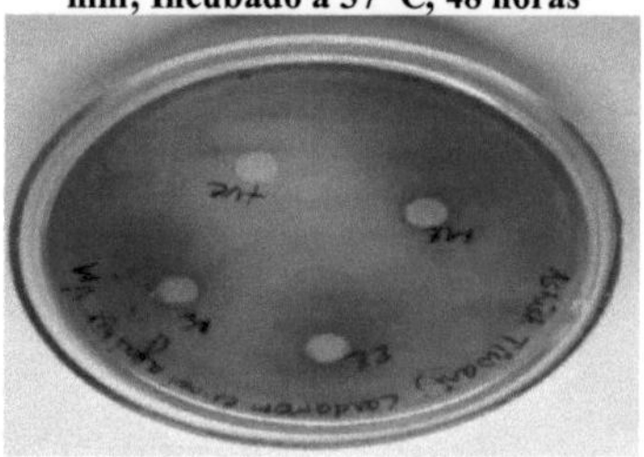

Fig 4.48: Atividade antimicrobiana do cardamomo (Elettaria cardamomum) contra V. mimicus pelo método de difusão em Agar Well; meios utilizados: Ágar Triptona de Soja: Diâmetro do poço: 5 mm; Incubado a 37⁰ C, 48 horas

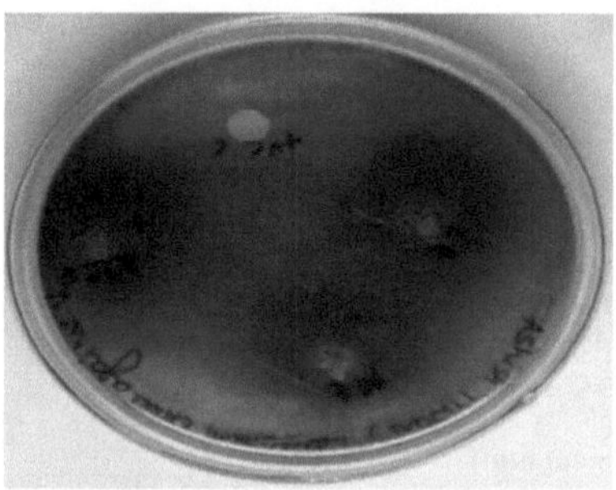

Fig 4.49: Atividade antimicrobiana do cardamomo (Elettaria cardamomum) contra V. parahaemolyticus pelo método de difusão em Agar Well; Meios utilizados: Ágar Triptona de Soja: Diâmetro do poço: 5 mm; Incubado a 37⁰ C, 48 horas

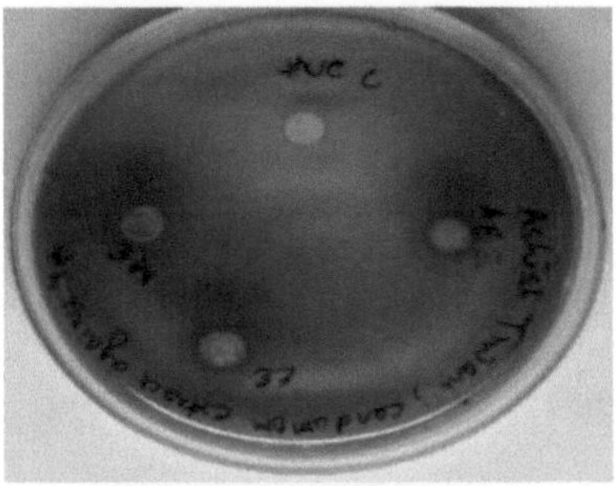

Fig 4.50: Atividade antimicrobiana do cardamomo (Elettaria cardamomum) contra V. mimicus pelo método de difusão em Agar Well; meios utilizados: Ágar Triptona de Soja: Diâmetro do poço: 5 mm; Incubado a 37^0 C, 48 horas

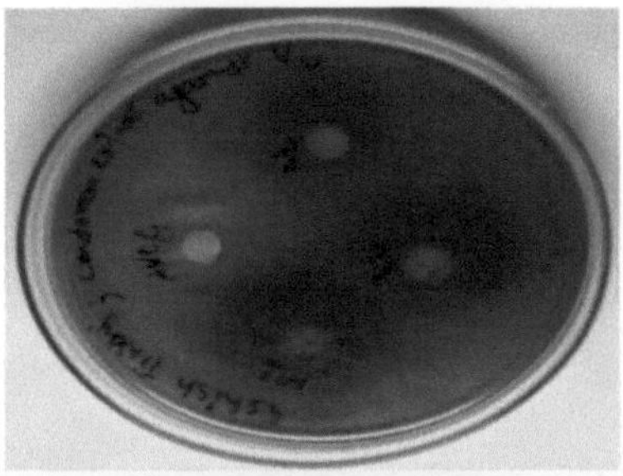

Fig 4.51: Atividade antimicrobiana do cardamomo (Elettaria cardamomum) contra V. vulnificus pelo método de difusão em Agar Well; meios utilizados: Ágar Triptona de Soja: Diâmetro do poço: 5 mm; Incubado a 370 C, 48 horas

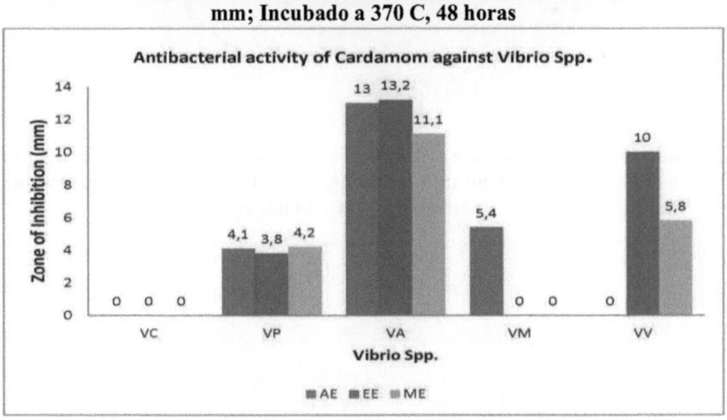

Gráfico 4.12: Atividade antibacteriana do cardamomo contra Vibrio Spp.

Asafoetida (Ferula assa-foetida)

Tabela 4.15: Atividade antimicrobiana do extrato de Asafoetida (Ferula assa-foetida) em 3 solventes diferentes contra diferentes Vibrio spp.

Espécies bacterianas	Asafoetida (Zona de inibição em mm) AE	EE	ME	PC	NC
VC	12.6 ± 1.5	13 ± 0.59	0.0 ± 0.0	28.7 ± 0.7	0.0 ± 0.0
VP	0.0 ± 0.0	16 ± 0.52	7.3 ± 1.4	32 ± 0.84	0.0 ± 0.0
VA	10 ± 0.41	11.5 ± 0.36	0.0 ± 0.0	30 ± 0.74	0.0 ± 0.0
VM	8 ± 0.31	0.0 ± 0.0	2.8 ± 0.10	30 ± 1.0	0.0 ± 0.0
VV	12 ± 0.41	15 ± 0.41	6 ± 0.11	33 ± 1.0	0.0 ± 0.0

* VC= V. cholera; VP= V. parahaemolyticus; V_V = V. vulnificus; VM= V. mimicus; VA= V. alginolyticus

*AE= Extrato em acetona; EE= Extrato em etanol; ME= Extrato em metanol; PC= Controlo positivo; NC= Controlo negativo

**Os valores são expressos como média ± desvio padrão das três réplicas (n=3); a zona de inibição não inclui o diâmetro do poço.

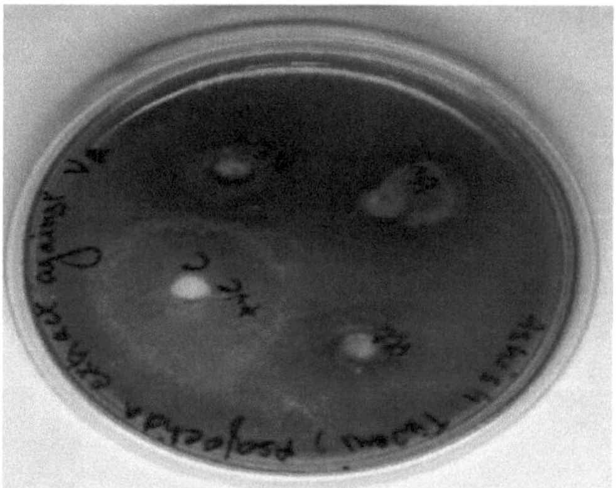

Fig 4.52: Atividade antimicrobiana de Asafoetida (Ferula assa-foetida) contra V. alginolyticus pelo método de difusão em Agar Well; Meios utilizados: Ágar Triptona de Soja: Diâmetro do poço: 5 mm; Incubado a 37^0 C, 48 horas

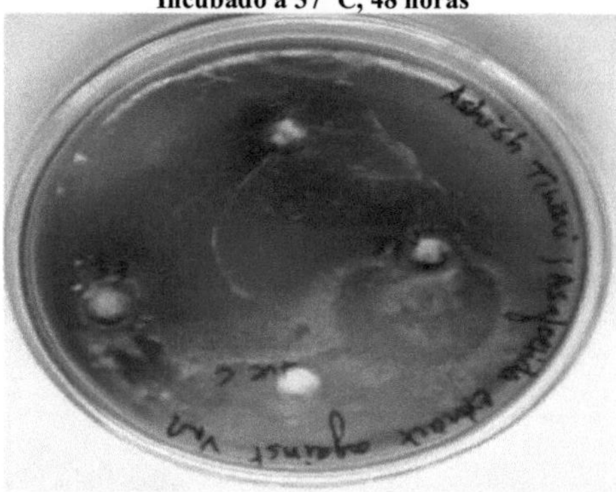

Fig 4.53: Atividade antimicrobiana de Asafoetida (Ferula assa-foetida) contra V. mimicus pelo método de difusão em Agar Well; Meios utilizados: Ágar Triptona de Soja: Diâmetro do poço: 5 mm; Incubado a 37^0 C, 48 horas

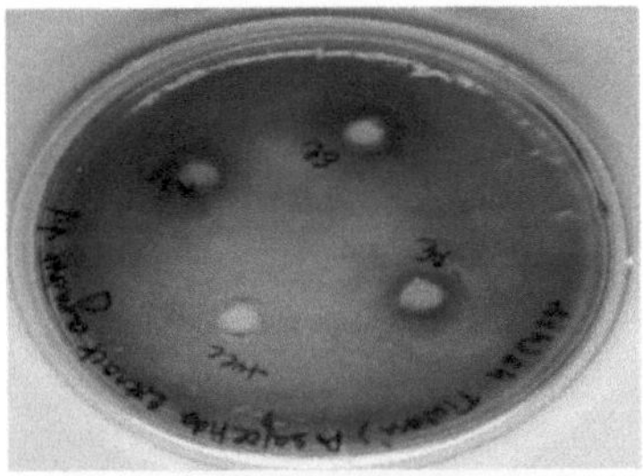

Fig4.54:Atividade antimicrobiana de Asafoetida (Ferula assa-foetida) contra V. vulnificus pelo método de difusão em Agar Well; Meios utilizados: Ágar Triptona de Soja: Diâmetro do poço: 5 mm; Incubado a 37^0 C, 48 horas

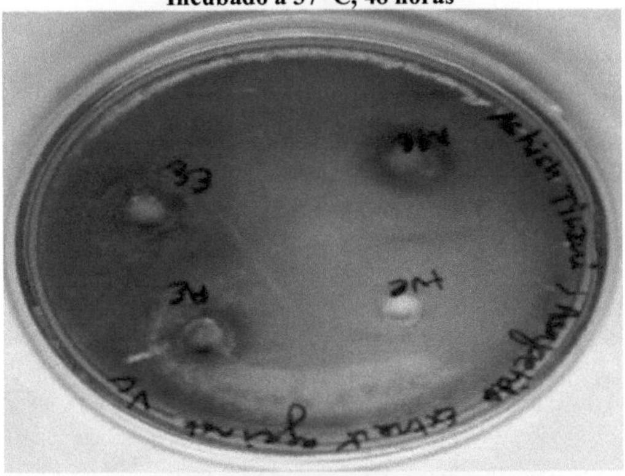

Fig 4.55: Atividade antimicrobiana de Asafoetida (Ferula assa-foetida) contra V. cholera pelo método de difusão em Agar Well; Meios utilizados: Ágar de soja triptona: Diâmetro do poço: 5 mm; Incubado a 37^0 C, 48 horas

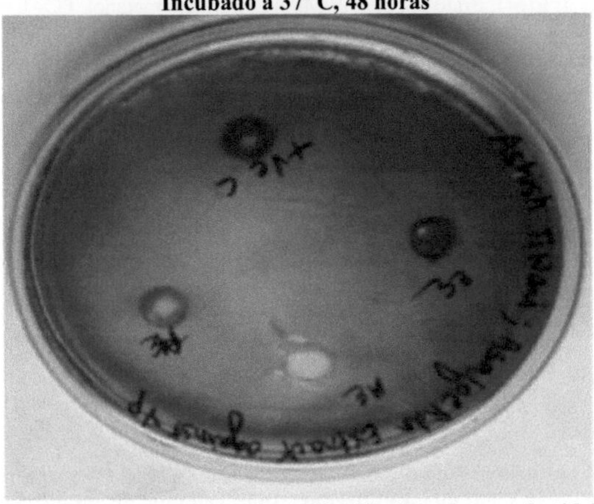

Fig 4.56: Atividade antimicrobiana de Asafoetida (Ferula assa-foetida) contra V. parahaemolyticus pelo método de difusão em Agar Well; Meios utilizados: Ágar Triptona de Soja: Diâmetro do poço: 5 mm; Incubado a 37^0 C, 48 horas

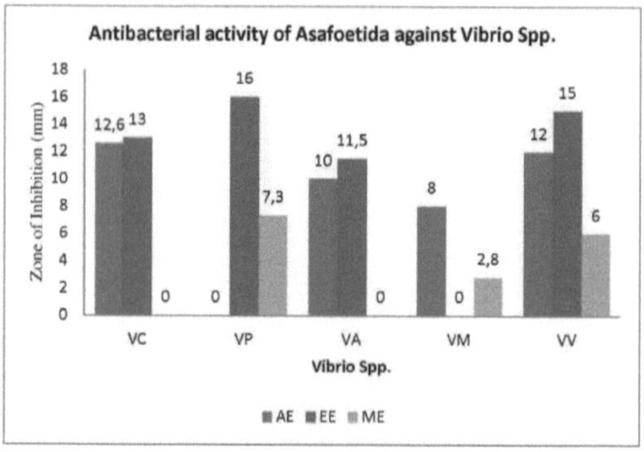

Gráfico 4.13: Atividade antibacteriana da Asafoetida contra Vibrio Spp.

Orégãos (Origanum vulgare)

Tabela 4.16: Atividade antimicrobiana do extrato de orégãos (Origanum vulgare) em 3 solventes diferentes contra diferentes Vibrio spp.

Orégãos (Zona de inibição em mm)

Espécies bacterianas	AE	EE	ME	PC	NC
V_C	8.10 ± 0.43	12.4 ± 0.68	9.1 ± 0.39	30 ± 1.0	0.0 ± 0.0
V_P	0.0 ± 0.0	20 ± 0.7	0.0 ± 0.0	33 ± 1.0	0.0 ± 0.0
V_A	6 ± 0.21	6.5 ± 0.20	7 ± 0.34	29 ± 0.71	0.0 ± 0.0
V_M	0.0 ± 0.0	0.0 ± 0.0	22.1 ± 0.60	29 ± 0.71	0.0 ± 0.0
V_V	17.33 ± 0.57	11 ± 0.31	13 ± 0.52	28.7 ± 0.68	0.0 ± 0.0

* VC= V. cholera; V_P =V. parahaemolyticus; V_V = V. vulnificus; V_M = V. mimicus; V_A = V. alginolyticus
*AE= Extrato em acetona; EE= Extrato em etanol; ME= Extrato em metanol; PC= Controlo positivo; NC= Controlo negativo
**Os valores são expressos como média ± desvio padrão das três réplicas (n=3); a zona de inibição não inclui o diâmetro do poço.

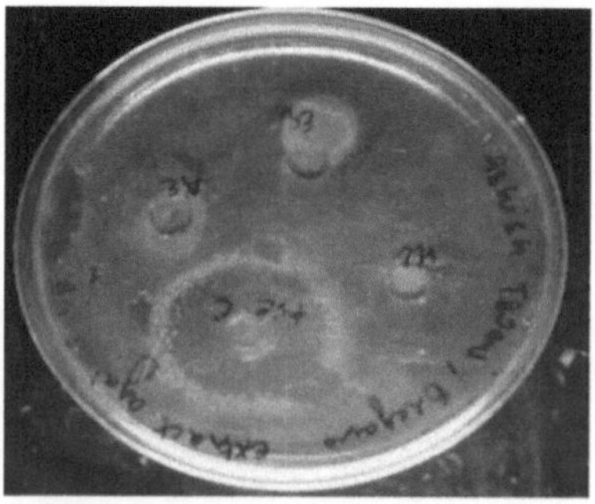

Fig 4.57: Atividade antimicrobiana dos orégãos (Origanum vulgare) contra V. alginolyticus pelo método de difusão em Agar Well; meios utilizados: Ágar Triptona de Soja: Diâmetro do poço: 5 mm; Incubado a 37^0 C, 48 horas

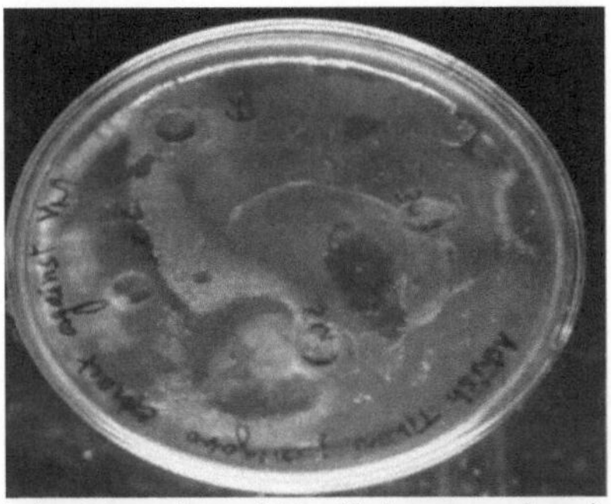

Fig 4.58: Atividade antimicrobiana dos orégãos (Origanum vulgare) contra V. mimicus pelo método de difusão em Agar Well; meios utilizados: Ágar Triptona de Soja: Diâmetro do poço: 5 mm; Incubado a 37^0 C, 48 horas

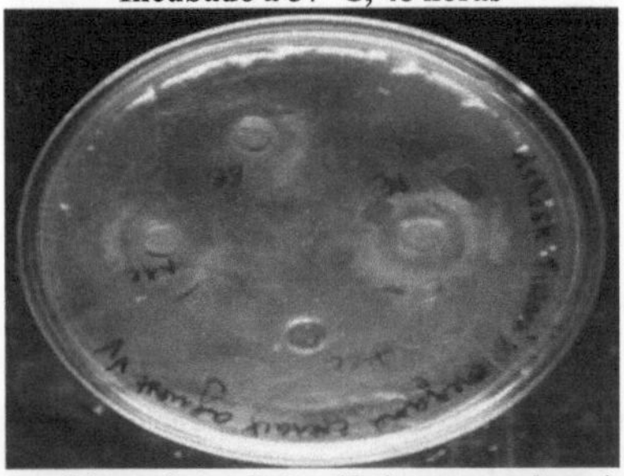

Fig 4.59: Atividade antimicrobiana dos orégãos (Origanum vulgare) contra V. vulnificus pelo método de difusão em Agar Well; meios utilizados: Ágar Triptona de Soja: Diâmetro do poço: 5 mm; Incubado a 37^0 C, 48 horas

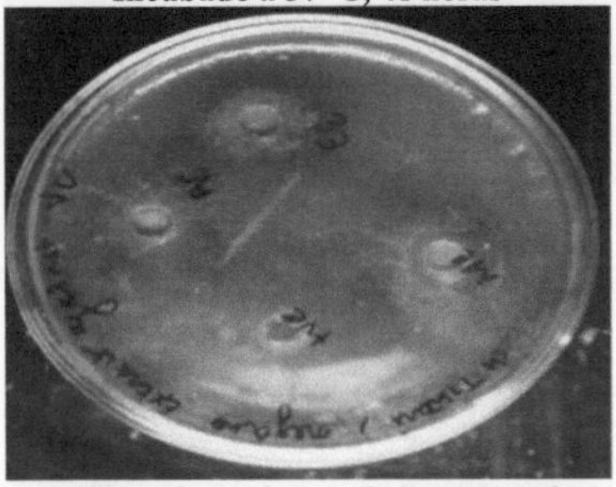

Fig 4.60: Atividade antimicrobiana dos orégãos (Origanum vulgare) contra V. cholera pelo método de difusão em Agar Well; meios utilizados: Ágar Triptona de Soja: Diâmetro do poço: 5 mm; Incubado a 37^0 C, 48 horas

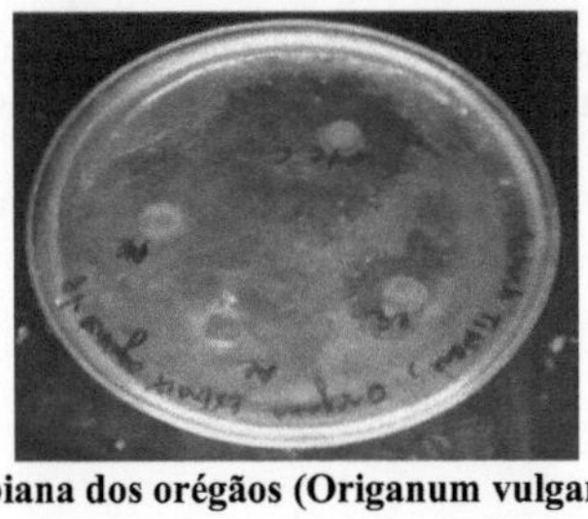

Fig 4.61: Atividade antimicrobiana dos orégãos (Origanum vulgare) contra V. parahaemolyticus

pelo método de difusão em Agar Well; Meios utilizados: Ágar Triptona de Soja: Diâmetro do poço: 5 mm; Incubado a 370 C, 48 horas

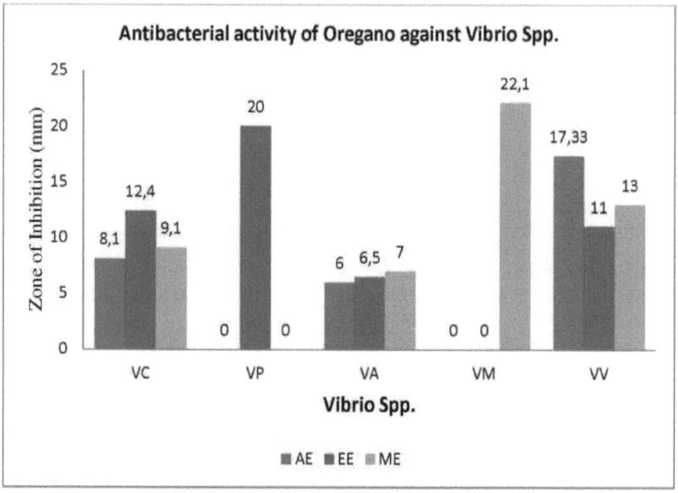

Gráfico 4.14: Atividade antibacteriana dos orégãos contra Vibrio Spp.

umin (Cuminum cyminum)

Tabela 4.17: Atividade antimicrobiana do extrato de cominho (Cuminum cyminum) em 3 solventes diferentes contra diferentes Vibrio spp.

(Zona de inibição em mm)					
Espécies bacterianas	**AE**	**EE**	**ME**	**PC**	**NC**
VC	0.0 ± 0.0	5.0 ± 0.33	7.1 ± 0.63	22.3 ± 1.0	0.0 ± 0.0
VP	6.2 ±0.62	4.0 ± 0.52	4.3 ± 0.39	22.0 ± 0.98	0.0 ± 0.0
VA	5.0 ± 0.32	9.7 ± 0.61	3.4 ± 0.24	24.0 ± 0.72	0.0 ± 0.0
^{V}M	4.5 ± 0.42	3.1 ± 0.32	3.8 ± 0.52	18.5 ± 0.73	0.0 ± 0.0
VV	9.7 ± 0.59	7.1 ± 0.32	4.0 ± 0.41	21.0 ± 1.0	0.0 ± 0.0

* V_c = V. cholera; VP=V. parahaemolyticus; VV= V. vulnificus; VM= V. mimicus; VA= V. alginolyticus
*AE= Extrato em acetona; EE= Extrato em etanol; ME= Extrato em metanol; PC= Controlo positivo; NC= Controlo negativo
**Os valores são expressos como média ± desvio padrão das três réplicas (n=3); a zona de inibição não inclui o diâmetro do poço.

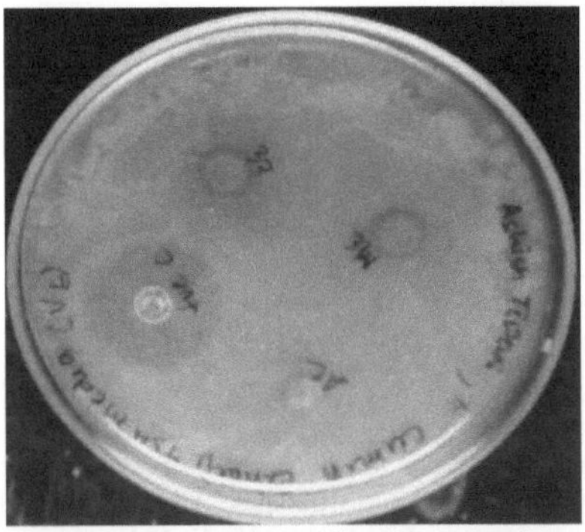

Fig 4.62: Atividade antimicrobiana do cominho (Cuminum cyminum) contra V. cholera pelo método de difusão em Agar Well; Meios utilizados: Ágar Triptona de Soja: Diâmetro do poço: 5 mm; Incubado a 37^0 C, 48 horas

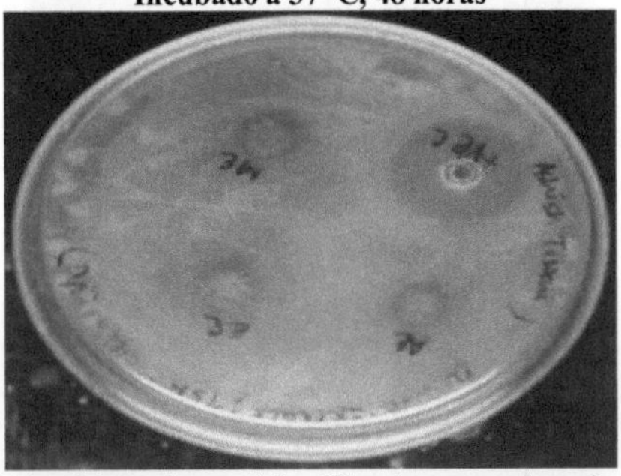

Fig 4.63: Atividade antimicrobiana do cominho (Cuminum cyminum) contra V. vulnificus pelo método de difusão em Agar Well; Meios utilizados: Ágar Triptona de Soja: Diâmetro do poço: 5 mm; Incubado a 37^0 C, 48 horas

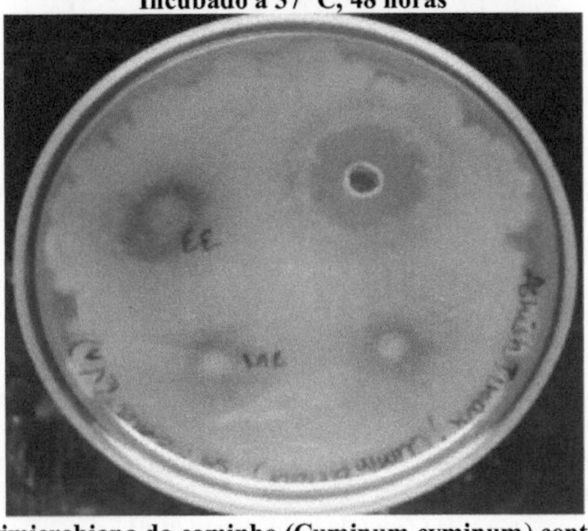

Fig 4.64: Atividade antimicrobiana do cominho (Cuminum cyminum) contra V. alginolyticus pelo método de difusão em Agar Well; Meios utilizados: Ágar Triptona de Soja: Diâmetro do poço: 5 mm; Incubado a 37^0 C, 48 horas

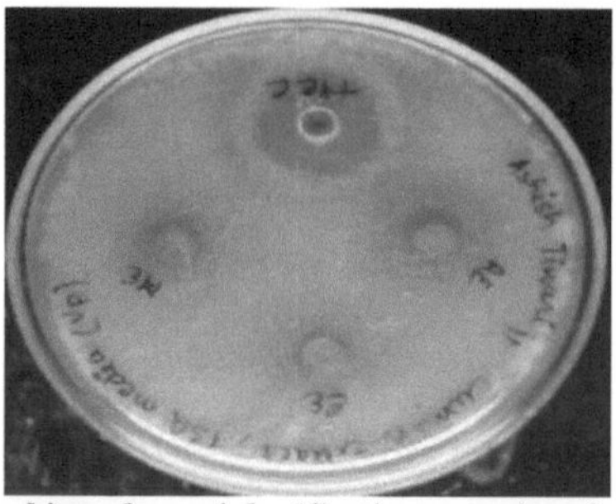

Fig 4.65: Atividade antimicrobiana do cominho (Cuminum cyminum) contra V. parahaemolyticus pelo método de difusão em Agar Well; Meios utilizados: Ágar Triptona de Soja: Diâmetro do poço: 5 mm; Incubado a 37^0 C, 48 hrs

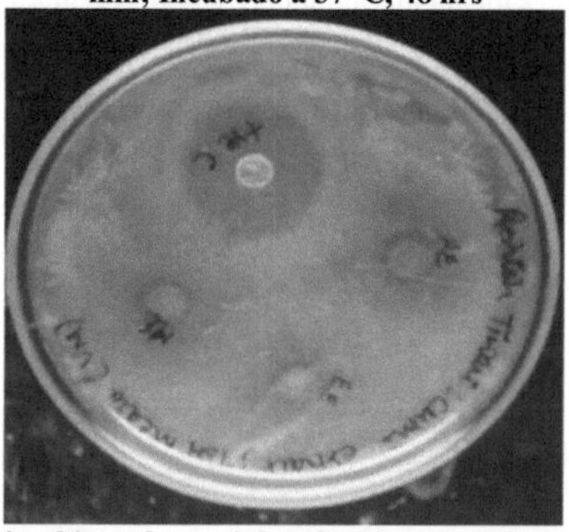

Fig 4.66: Atividade antimicrobiana do cominho (Cuminum cyminum) contra V. mimicus pelo método de difusão em Agar Well; Meios utilizados: Ágar Triptona de Soja: Diâmetro do poço: 5 mm; Incubado a 37^0 C, 48 horas

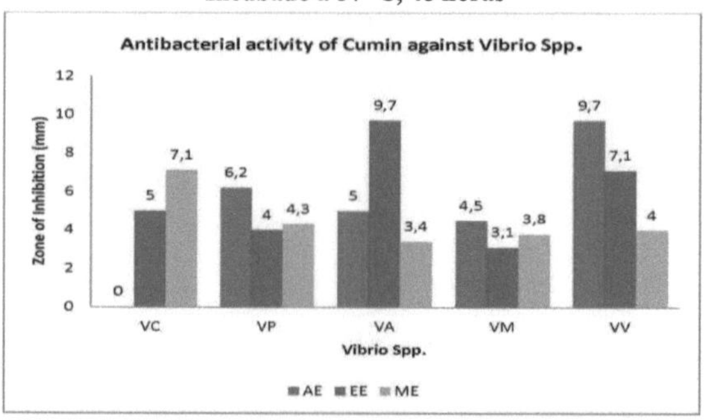

Gráfico 4.15: Atividade antibacteriana dos cominhos contra Vibrio Spp.

Funcho (Foeniculum vulgare)

Quadro 4.18: Atividade antimicrobiana do extrato de funcho (Foeniculum vulgare) em 3 solventes diferentes contra diferentes Vibrio spp.

	M (Zona de inibição em mm)				
Espécies	**AE**	**EE**	**ME**	**PC**	**NC**
Vc	0.0 ± 0.0	5.0 ± 0.33	4.0 ± 0.63	22.3 ± 1.0	0.0 ± 0.0
Vp	7.2 ±0.62	2.0 ± 0.52	2.3 ± 0.39	22.0 ± 0.98	0.0 ± 0.0
Va	16.0 ± 0.32	9.7 ± 0.61	3.4 ± 0.24	24.0 ± 0.72	0.0 ± 0.0

VM	3.5 ± 0.62	7.4 ± 0.32	4.3 ± 0.52	18.5 ± 0.73	0.0 ± 0.0
Vv	8.5 ± 0.59	7.1 ± 0.32	6.2 ± 0.41	21.0 ± 1.0	0.0 ± 0.0

* V_C = V. cholera; V_P =V. parahaemolyticus; V_V = V. vulnificus; V_M = V. mimicus; V_A = V. alginolyticus
*AE= Extrato em acetona; EE= Extrato em etanol; ME= Extrato em metanol; PC= Controlo positivo; NC= Controlo negativo
**Os valores são expressos como média ± desvio padrão das três réplicas (n=3); a zona de inibição não inclui o diâmetro do poço.

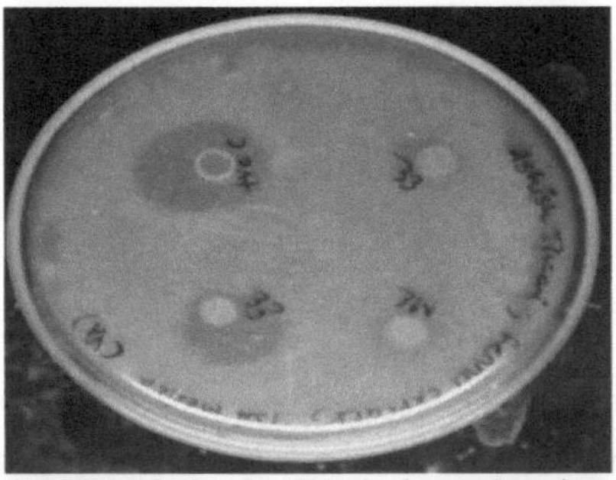

Fig 4.67: Atividade antimicrobiana do funcho (Foeniculum vulgare) contra V. alginolyticus pelo método de difusão em Agar Well; meios utilizados: Ágar Triptona de Soja: Diâmetro do poço: 5 mm; Incubado a 37^0 C, 48 horas

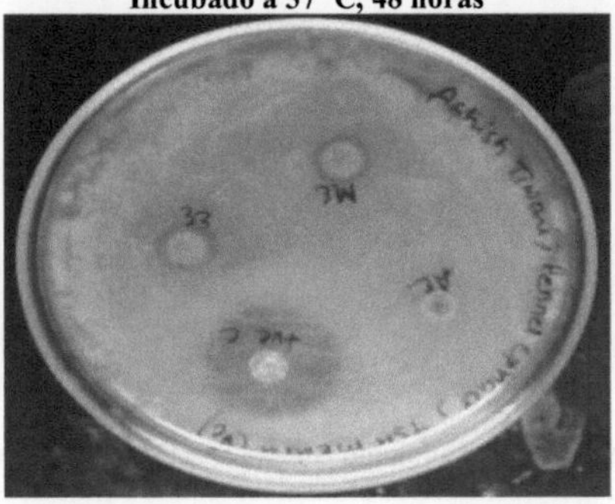

Fig 4.68: Atividade antimicrobiana do funcho (Foeniculum vulgare) contra V. cholera pelo método de difusão em Agar Well; meios utilizados: Ágar Triptona de Soja: Diâmetro do poço: 5 mm; Incubado a 37^0 C, 48 horas

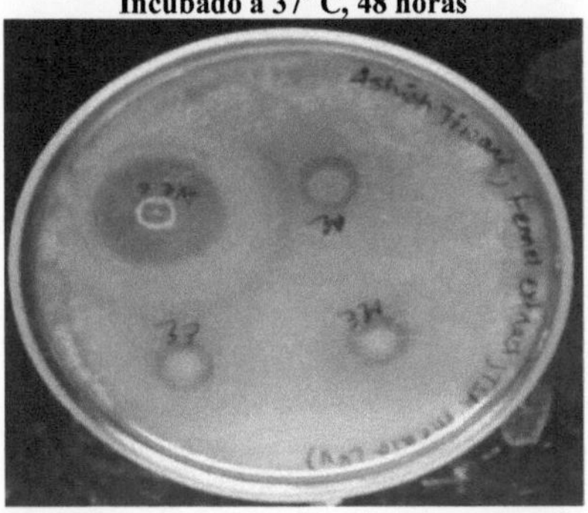

Fig 4.69: Atividade antimicrobiana do funcho (Foeniculum vulgare) contra V. vulnificus pelo

método de difusão em Agar
Well; meios utilizados: Ágar Triptona de Soja: Diâmetro do poço: 5 mm; Incubado a 37^0 C, 48 hrs

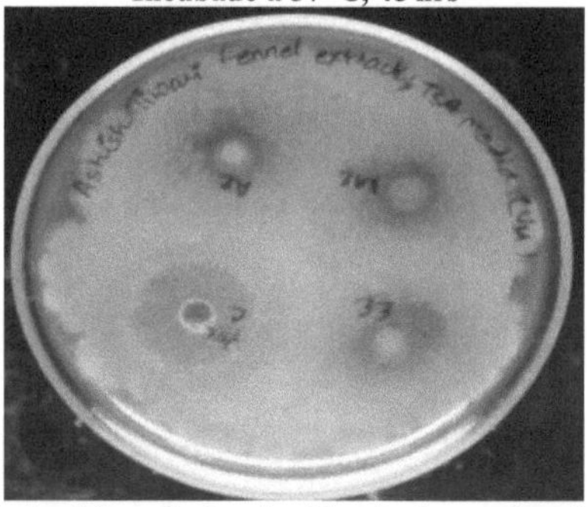

Fig 4.70: Atividade antimicrobiana do funcho (Foeniculum vulgare) contra V. mimicus pelo método de difusão em Agar
Well; meios utilizados: Ágar Triptona de Soja: Diâmetro do poço: 5 mm; Incubado a 37°C, 48 horas

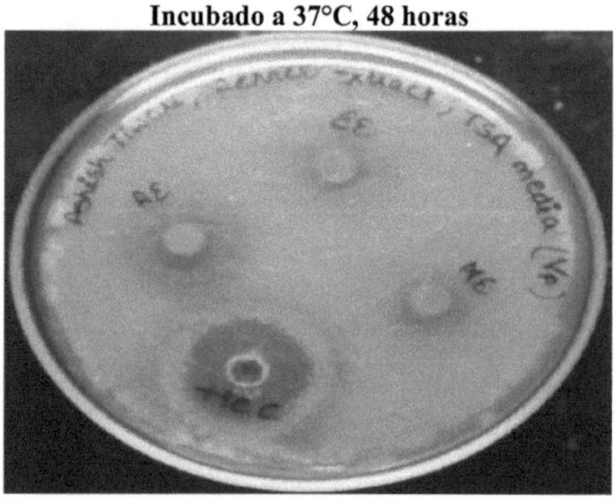

Fig 4.71: Atividade antimicrobiana do funcho (Foeniculum vulgare) contra V. parahaemolyticus pelo método de difusão em Agar Well; meios utilizados: Ágar Triptona de Soja: Diâmetro do poço: 5 mm; Incubado a 37°C, 48 horas

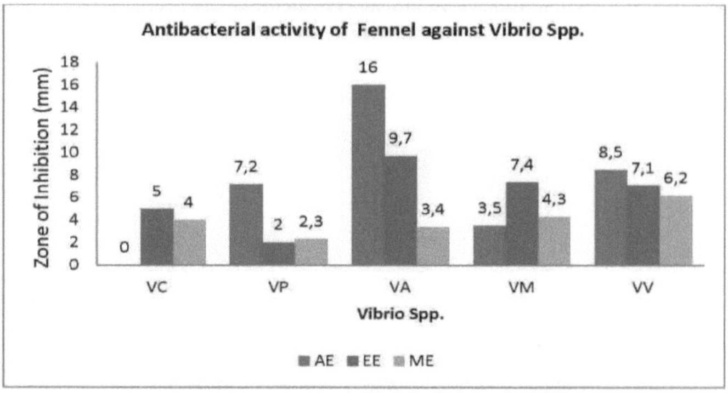

Gráfico 4.16: Atividade antibacteriana do funcho contra Vibrio Spp.

Coentros (Coriandrum sativum)

Tabela 4.19: Atividade antimicrobiana do extrato de coentros (Coriandrum sativum) em 3 solventes diferentes contra diferentes Vibrio spp.

3 (Zona de inibição em mm)					
Espécies bacterianas	AE	EE	ME	PC	NC
VC	0.0 ± 0.0	4.0 ± 0.33	3.8 ± 0.23	22.3 ± 1.0	0.0 ± 0.0
VP	8.6 ±0.62	2.0 ± 0.52	3.3 ± 0.39	22.0 ± 0.98	0.0 ± 0.0
VA	12.3 ± 0.42	0.0 ± 0.0	3.4 ± 0.24	24.0 ± 0.72	0.0 ± 0.0
VM	5.0 ± 0.32	3.4 ± 0.32	3.4 ± 0.52	18.5 ± 0.73	0.0 ± 0.0
VV	3.5 ± 0.39	0.0 ± 0.0	3.2 ± 0.31	21.0 ± 1.0	0.0 ± 0.0

* V_C = V. cholera; V_P =V. parahaemolyticus; V_V = V. vulnificus; VM= V. mimicus; VA= V. alginolyticus
*AE= Extrato em acetona; EE= Extrato em etanol; ME= Extrato em metanol; PC= Controlo positivo; NC= Controlo negativo
**Os valores são expressos como média ± desvio padrão das três réplicas (n=3); a zona de inibição não inclui o diâmetro do poço.

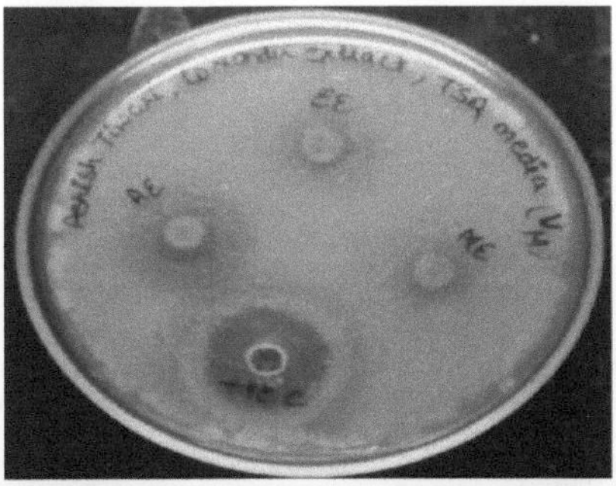

Fig 4.72: Atividade antimicrobiana dos coentros (Coriandrum sativum) contra V. mimicus pelo método de difusão em Agar Well; meios utilizados: Ágar Triptona de Soja: Diâmetro do poço: 5 mm; Incubado a 37^0 C, 48 horas

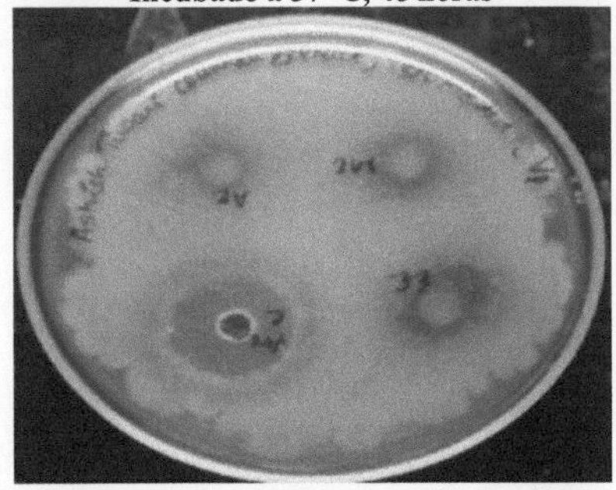

Fig 4.73: Atividade antimicrobiana dos coentros (Coriandrum sativum) contra V. parahaemolyticus pelo método de difusão em Agar Well; meios utilizados: Ágar Triptona de Soja: Diâmetro do poço: 5 mm; Incubado a 37^0 C, 48 horas

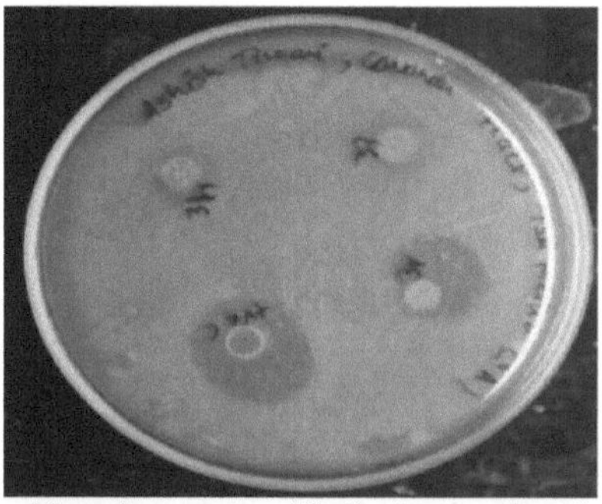

Fig 4.74: Atividade antimicrobiana dos coentros (Coriandrum sativum) contra V. alginolyticus pelo método de difusão em Agar Well; Meios utilizados: Ágar Triptona de Soja: Diâmetro do poço: 5 mm; Incubado a 37^0 C, 48 horas

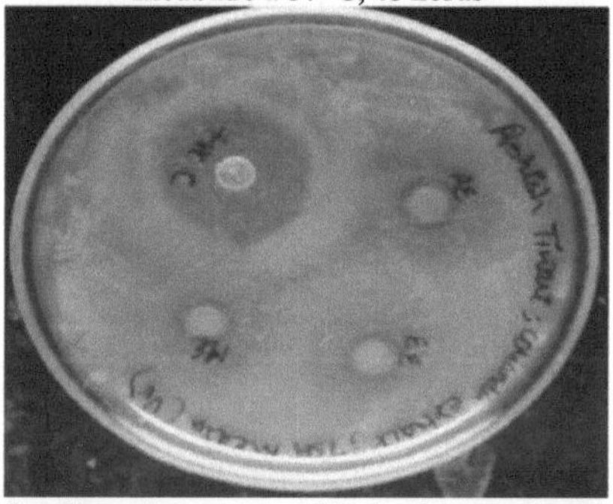

Fig 4.75: Atividade antimicrobiana dos coentros (Coriandrum sativum) contra V. vulnificus pelo método de difusão em Agar Well; meios utilizados: Ágar Triptona de Soja: Diâmetro do poço: 5 mm; Incubado a 37^0 C, 48 horas

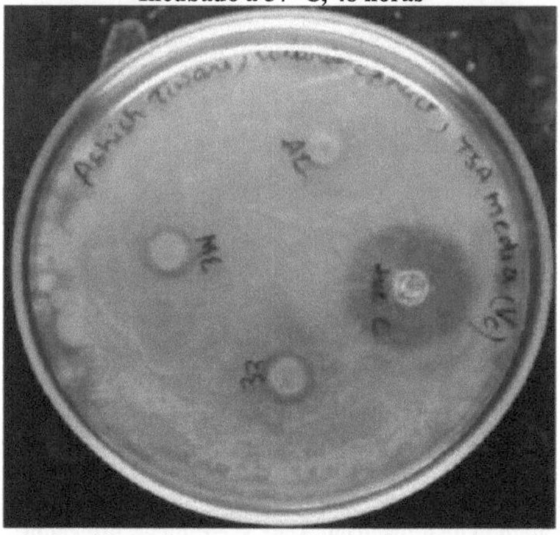

Fig 4.76: Atividade antimicrobiana dos coentros (Coriandrum sativum) contra V. cholera pelo método de difusão em Agar Well; meios utilizados: Ágar Triptona de Soja: Diâmetro do poço: 5 mm; Incubado a 37^0 C, 48 horas

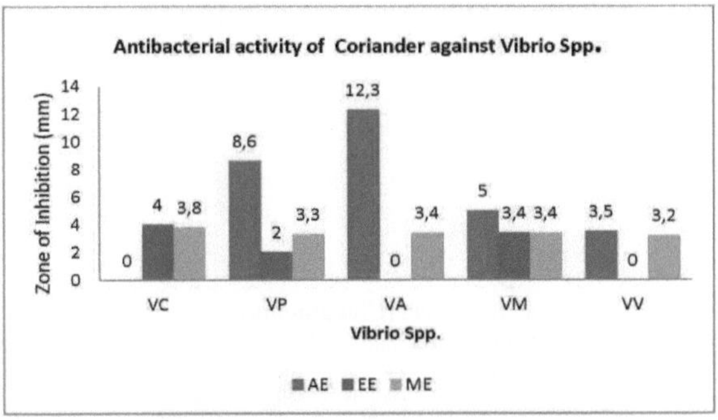

Gráfico 4.17: Atividade antibacteriana dos coentros contra Vibrio Spp.

<u>Canela (Cinnamomum zeylanicum)</u>

Quadro 4.20: Atividade antimicrobiana do extrato de canela (Cinnamomum zeylanicum) em 3 solventes diferentes contra diferentes Vibrio spp.

Canela (Zona de inibição em mm)

Espécies bacterianas	AE	EE	ME	PC	NC
V_C	3.0 ± 0.35	3.1 ± 0.33	3.8 ± 0.33	22.3 ± 1.0	0.0 ± 0.0
V_P	8.6 ±0.42	0.0 ± 0.0	2.3 ± 0.39	22.0 ± 0.98	0.0 ± 0.0
V_A	0.0 ± 0.0	3.0 ± 0.30	0.0 ± 0.0	24.0 ± 0.72	0.0 ± 0.0
V_M	4.0 ± 0.30	0.0 ± 0.0	3.1 ± 0.42	18.5 ± 0.73	0.0 ± 0.0
V_V	2.5 ± 0.31	2.2 ± 0.31	6.1 ± 0.41	21.0 ± 1.0	0.0 ± 0.0

* V_C = V. cholera; V_P =V. parahaemolyticus; V_V = V. vulnificus; V_M = V. mimicus; V_A = V. alginolyticus

*AE= Extrato em acetona; EE= Extrato em etanol; ME= Extrato em metanol; PC= Controlo positivo; NC= Controlo negativo

**Os valores são expressos como média ± desvio padrão das três réplicas (n=3); a zona de inibição não inclui o diâmetro do poço.

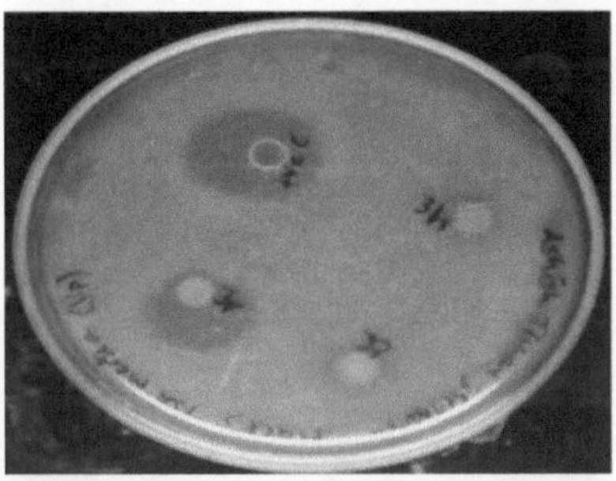

Fig 4.77: Atividade antimicrobiana da canela (Cinnamomum zeylanicum) contra V. parahaemolyticus pelo método de difusão em Agar Well; meios utilizados: Ágar Triptona de Soja: Diâmetro do poço: 5 mm; Incubado a 37^0 C, 48 horas

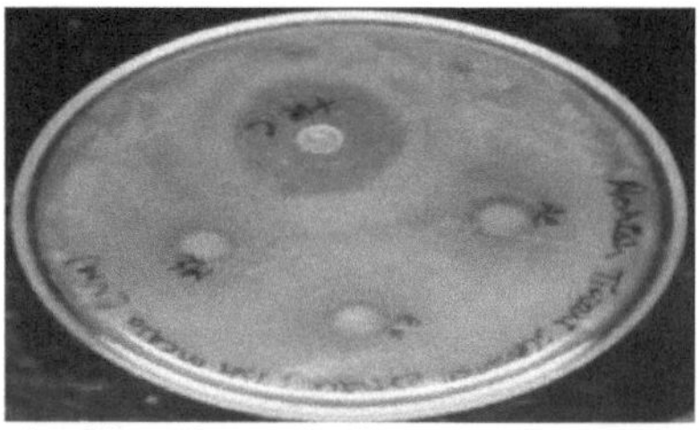

Fig 4.78: Atividade antimicrobiana da canela (Cinnamomum zeylanicum) contra V. mimicus pelo método de difusão em Agar Well; meios utilizados: Ágar Triptona de Soja: Diâmetro do poço: 5 mm; Incubado a 37^0 C, 48 horas

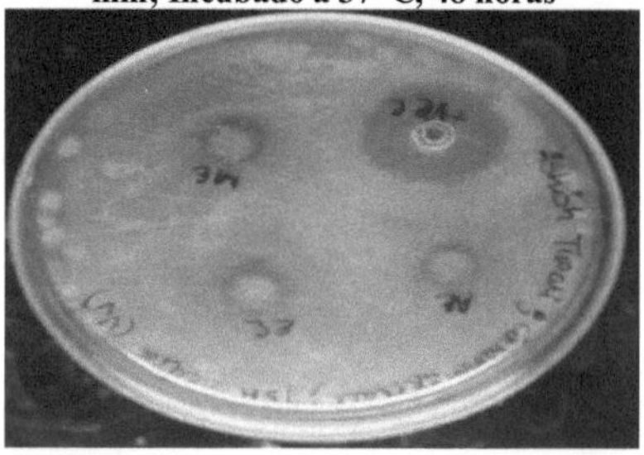

Fig 4.79: Atividade antimicrobiana da canela (Cinnamomum zeylanicum) contra V. vulnificus pelo método de difusão em Agar Well; meios utilizados: Ágar Triptona de Soja: Diâmetro do poço: 5 mm; Incubado a 37^0 C, 48 horas

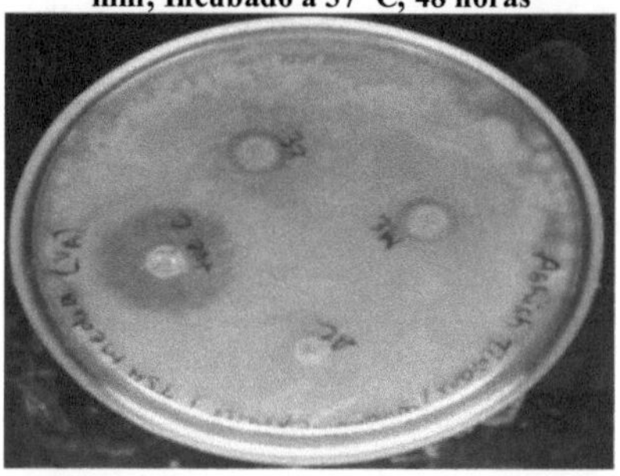

Fig 4.80: Atividade antimicrobiana da canela (Cinnamomum zeylanicum) contra V. alginolyticus pelo método de difusão em Agar Well; meios utilizados: Ágar Triptona de Soja: Diâmetro do poço: 5 mm; Incubado a 37^0 C, 48 horas

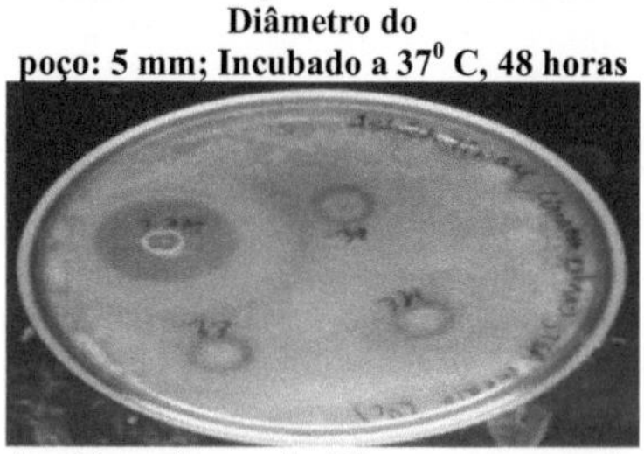

Fig 4.81: Atividade antimicrobiana da canela (Cinnamomum zeylanicum) contra V. cholera pelo método de difusão em Agar Well; meios utilizados: Ágar de soja triptona: Diâmetro do poço: 5 mm; Incubado a 37°C, 48 horas

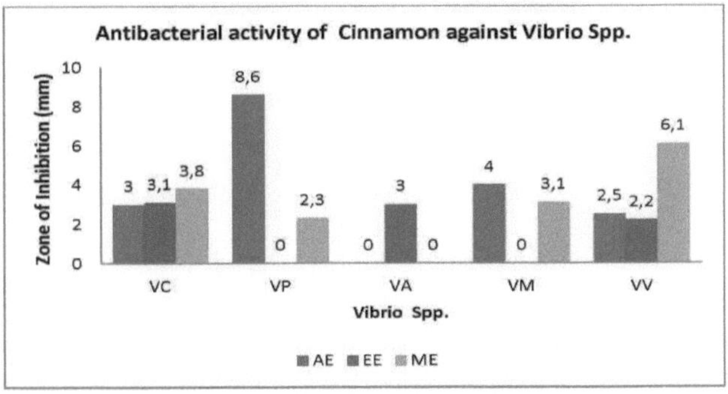

Gráfico 4.18: Atividade antibacteriana da canela contra Vibrio Spp.

<u>Pimenta preta (Piper nigrum)</u>

Quadro 4.21: Atividade antimicrobiana do extrato de pimenta preta (Piper nigrum) em 3 solventes diferentes contra diferentes Vibrio spp.

	(Zona de inibição em mm)				
Espécies bacterianas	**AE**	**EE**	**ME**	**PC**	**NC**
Vc	0.0 ± 0.0	3.4 ± 0.33	3.2 ± 0.43	22.3 ± 1.0	0.0 ± 0.0
Vp	7.8 ±0.42	3.3 ± 0.39	0.0 ± 0.0	22.0 ± 0.98	0.0 ± 0.0
Va	1.3 ± 0.20	5.9 ± 0.40	2.0 ± 0.30	22.0 ± 0.72	0.0 ± 0.0
VM	3.2 ± 0.38	3.1 ± 0.41	2.0 ± 0.21	18.5 ± 0.73	0.0 ± 0.0
Vv	2.5 ± 0.59	3.5 ± 0.43	2.2 ± 0.22	21.0 ± 1.0	0.0 ± 0.0

* VC= V. cholera; VP= V. parahaemolyticus; VV= V. vulnificus; VM= V. mimicus; VA= V. alginolyticus

*AE= Extrato em acetona; EE= Extrato em etanol; ME= Extrato em metanol; PC= Controlo positivo; NC= Controlo negativo

**Os valores são expressos como média ± desvio padrão das três réplicas (n=3); a zona de inibição não inclui o diâmetro do poço.

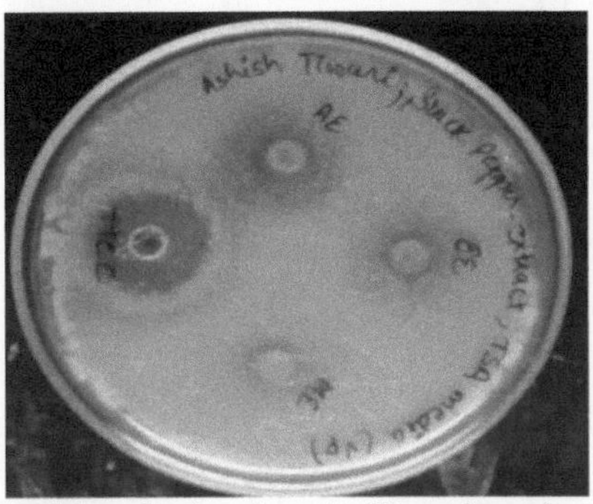

Fig 4.82: Atividade antimicrobiana da pimenta preta (Piper nigrum) contra V. parahaemolyticus pelo método de difusão em Agar Well; meios utilizados: Ágar Triptona de Soja: Diâmetro do poço: 5 mm; Incubado a 37^{0} C, 48 horas

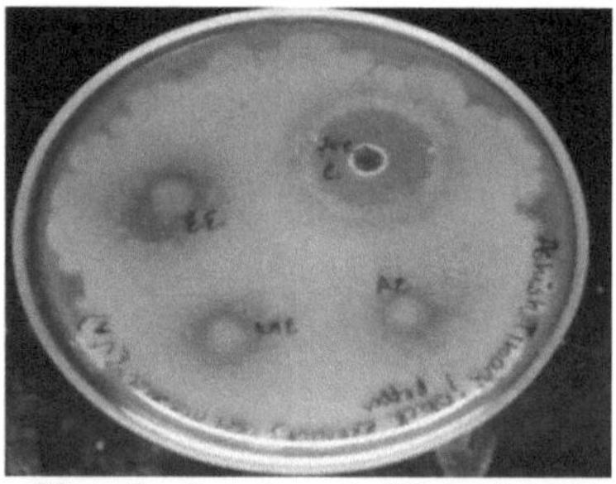

Fig 4.83: Atividade antimicrobiana da pimenta preta (Piper nigrum) contra V. alginolyticus pelo método de difusão em Agar Well; meios utilizados: Ágar Triptona de Soja: Diâmetro do poço: 5 mm; Incubado a 37^0 C, 48 horas

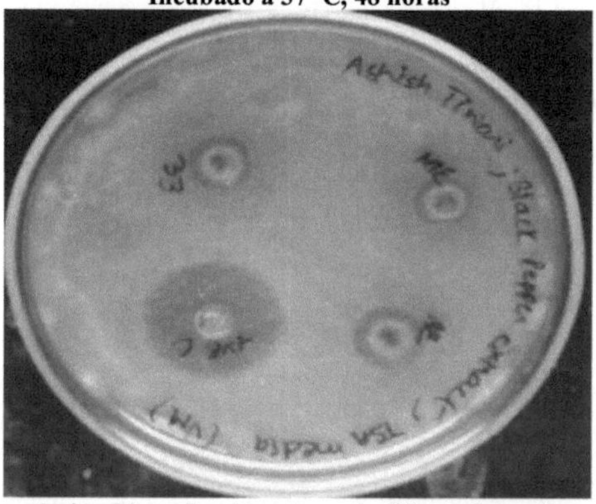

Fig. 4.84: Atividade antimicrobiana da pimenta preta (Piper nigrum) contra V. mimicus pelo método de difusão em Agar Well; meios utilizados: Ágar Triptona de Soja: Diâmetro do poço: 5 mm; Incubado a 37^0 C, 48 horas

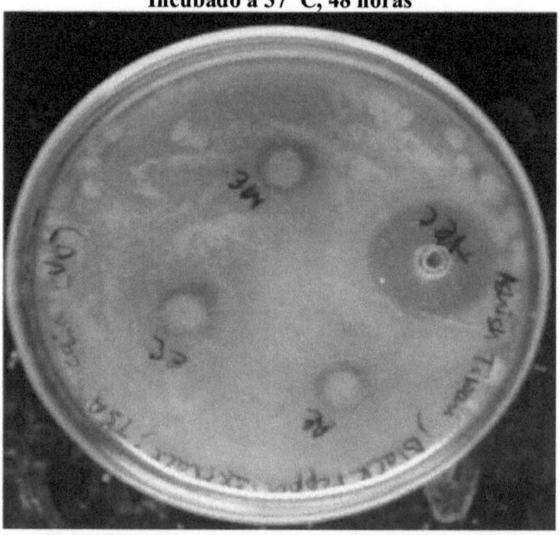

Fig 4.85: Atividade antimicrobiana da pimenta preta (Piper nigrum) contra V. vulnificus pelo método de difusão em Agar Well; meios utilizados: Ágar Triptona de Soja: Diâmetro do poço: 5 mm; Incubado a 37^0 C, 48 horas

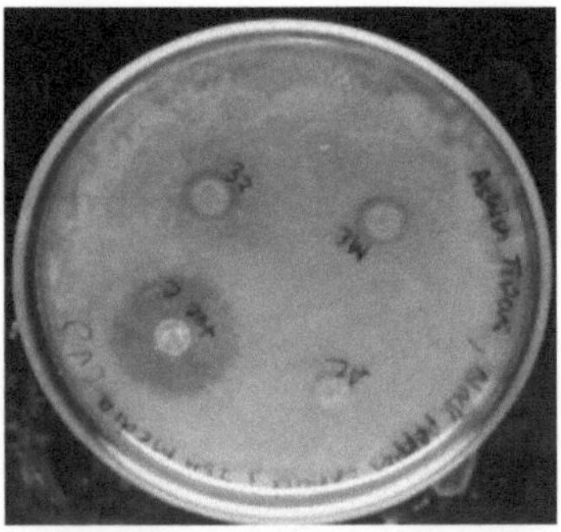

Fig. 4.86: Atividade antimicrobiana da pimenta preta (Piper nigrum) contra V. cholera pelo método de difusão em Agar Well; meios utilizados: Ágar de soja triptona: Diâmetro do poço: 5 mm; Incubado a 37^0 C, 48 horas

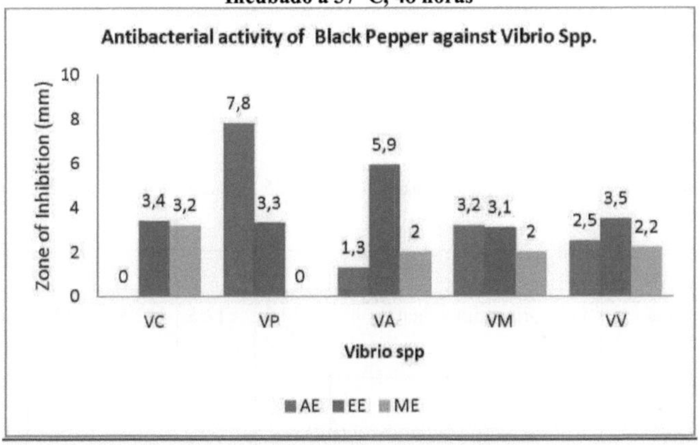

Gráfico 4.19: Atividade antibacteriana da pimenta preta contra Vibrio Spp.

MIC & M'BC DIT'E'RMIMA'TÏOM

O J EXTRACTS

MIC E MBC

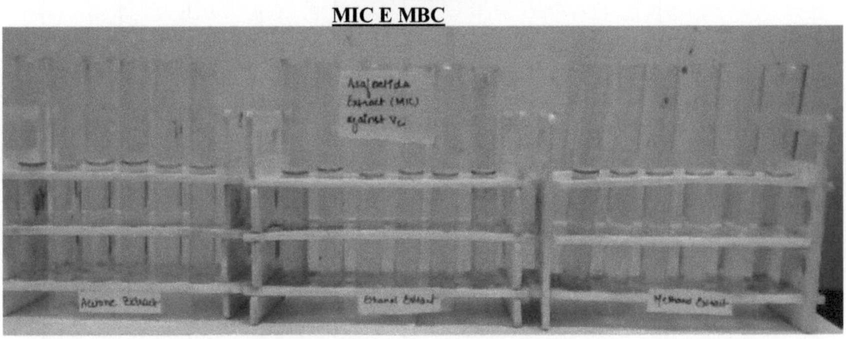

Fig 4.87: Concentração inibitória mínima (CIM) de Asafoetida Ferula assa-foetida contra V. cholera; Extractos utilizados: Metanólico, etanólico e acetona; Meios utilizados: Caldo de soja triptona ; Concentrações utilizadas: 25 pg/ml, 12,5 pg/ml, 6,25 pg/ml, 3,125 pg/ml, 1,562 pg/ml, 0,781 pg/ml; Incubado a 37°C, 48 horas

Tabela 4.22: Determinação dos valores de CIM (pg/ml) e CBM (pg/ml) para os extractos de especiarias contra Vibrio cholerae

S.N.	Comum Nome	Nome botânico	CIM (pg/ml)			MBC (pg/ml)		
			AE	EE	ME	AE	EE	ME
1	Cardamomo	Elettaria cardamomum	25	25	25	25	25	25
2	Cravo	Syzygium aromaticum	25	3.125	1.562	25	3.125	1.562
3	Asafoetida	Ferula assa-foetida	6.25	6.25	25	6.25	6.25	25
4	Oregãos	Origanum vulgare	12.5	12.5	12.5	12.5	6.25	12.5
5	Alho	Allium sativum	25	12.5	12.5	25	6.25	6.25
6	Cominho	Cuminum cyminum	25	12.5	12.5	25	6.25	6.25
7	Funcho	Foeniculum vulgare	25	12.5	12.5	12.5	12.5	12.5
8	Coentros	Coriandrum sativum	25	12.5	12.5	25	12.5	6.25
9	Canela	Cinnamomum zeylanicum	12.5	12.5	12.5	6.25	12.5	6.25

10	Pimenta preta	Piper nigrum	25	12.5	12.5	25	12.5	6.25

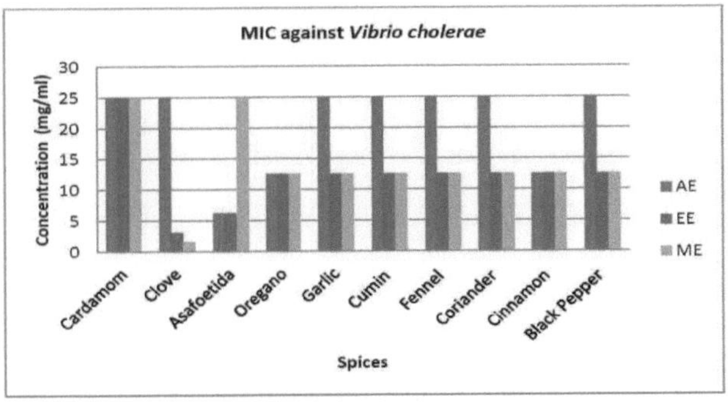

Gráfico 4.20: CIM de 10 especiarias diferentes contra V. cholerae

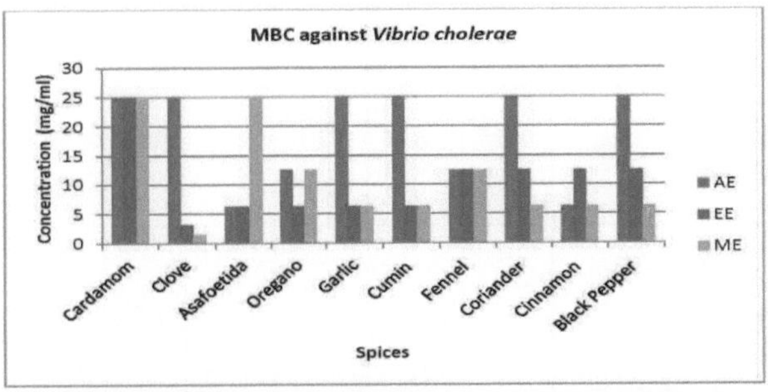

Gráfico 4.21: MBC de 10 especiarias diferentes contra V. cholerae

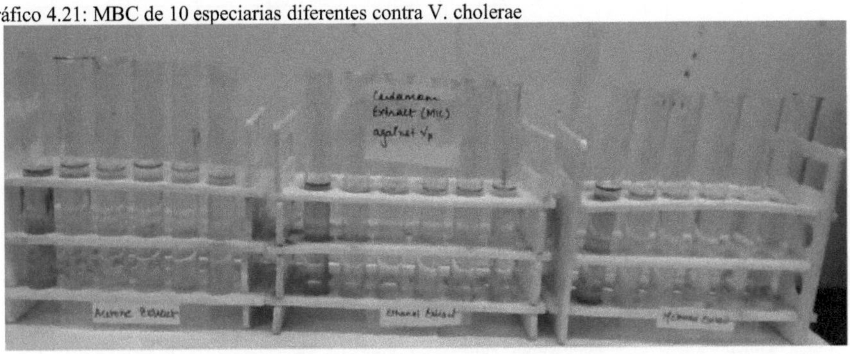

Fig 4.88: Concentração inibitória mínima (CIM) de cardamomo (Elettaria cardamomum) contra V. cholera; Extractos utilizados: Metanólico, etanólico e acetona; Meios utilizados: Caldo de soja triptona ; Concentrações utilizadas: 25 pg/ml, 12,5 pg/ml, 6,25 pg/ml, 3,125 pg/ml, 1,562 pg/ml, 0,781 pg/ml; Incubado a 37°C, 48 horas

Tabela 4.23: Determinação dos valores MIC (mg/ml) e MBC (mg/ml) para os extractos de especiarias contra Vibrio parahaemolyticus

S.N.	Comum Nome	Nome botânico	CIM (pg/ml)			MBC (pg/ml)		
			AE	EE	ME	AE	EE	ME
1	Cardamomo	Elettaria cardamomum	12.5	12.5	12.5	12.5	12.5	12.5
2	Cravo	Syzygium aromaticum	25	6.25	25	25	3.125	25
3	Asafoetida	Ferula assa-foetida	25	6.25	12.5	25	3.125	6.25
4	Oregãos	Origanum vulgare	25	3.125	25	25	1.562	25
5	Alho	Allium sativum	6.25	12.5	12.5	3.125	6.25	6.25
6	Cominho	Cuminum cyminum	12.5	12.5	12.5	6.25	12.5	12.5
7	Funcho	Foeniculum vulgare	6.25	12.5	12.5	6.25	12.5	6.25

8	Coentros	Coriandrum sativum	6.25	12.5	12.5	3.125	12.5	12.5
9	Canela	Cinnamomum zeylanicum	12.5	25	12.5	6.25	25	12.5
10	Pimenta preta	Piper nigrum	6.25	12.5	25	3.125	12.5	25

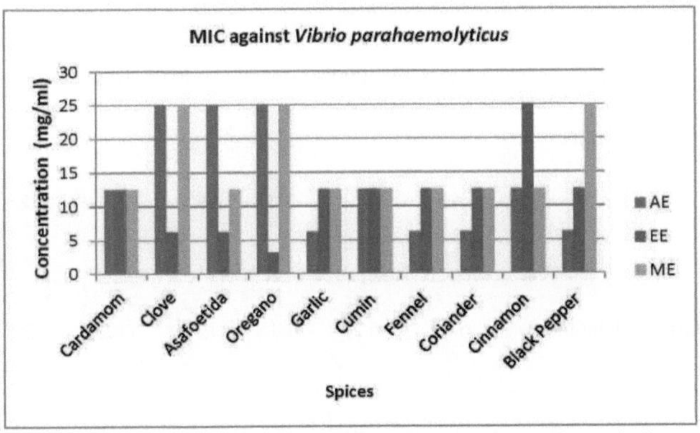

Gráfico 4.22: CIM de 10 especiarias diferentes contra V. parahaemolyticus

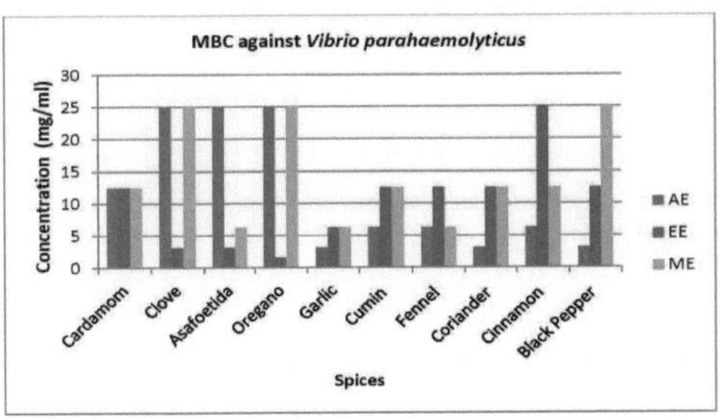

Gráfico 4.23: MBC de 10 especiarias diferentes contra V. parahaemolyticus

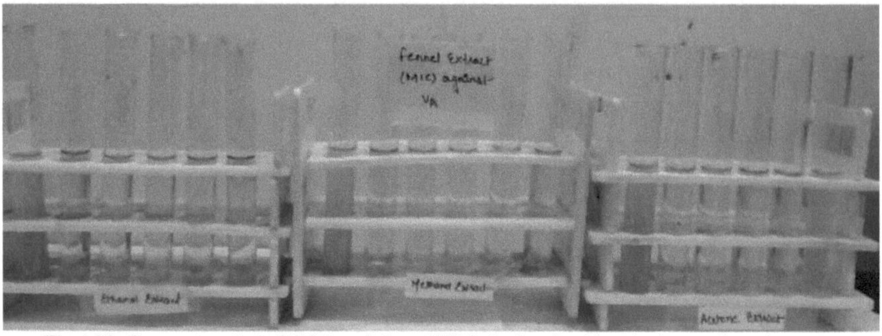

Fig 4.89: Concentração inibitória mínima (CIM) de funcho (Foeniculum vulgare) contra V. cholera; Extractos utilizados: Metanólico, etanólico e acetona; Meios utilizados: Caldo de soja triptona ; Concentrações utilizadas: 25 pg/ml, 12,5 pg/ml, 6,25 pg/ml, 3,125 pg/ml, 1,562 pg/ml, 0,781 pg/ml; Incubado a 37°C, 48 horas

Tabela 4.24: Determinação dos valores de CIM (mg/ml) e CBM (mg/ml) para os extractos de especiarias contra Vibrio alginolyticus

S.N.	Comum Nome	Nome botânico	CIM (pg/ml)			MBC (pg/ml)		
			AE	EE	ME	AE	EE	ME
1	Cardamomo	Elettaria cardamomum	6.25	6.25	6.25	3.125	3.125	6.25
2	Cravo	Syzygium aromaticum	3.125	3.125	6.25	1.562	3.125	3.125
3	Asafoetida	Ferula assa-foetida	12.5	12.5	25	6.25	6.25	25
4	Oregãos	Origanum vulgare	12.5	12.5	12.5	6.25	6.25	6.25
5	Alho	Allium sativum	25	25	6.25	25	25	3.125
6	Cominho	Cuminum cyminum	12.5	12.5	12.5	12.5	6.25	12.5

7	Funcho	Foeniculum vulgare	6.25	12.5	12.5	3.125	6.25	12.5
8	Coentros	Coriandrum sativum	6.25	25	12.5	3.125	25	12.5
9	Canela	Cinnamomum zeylanicum	25	12.5	25	25	12.5	25
10	Pimenta preta	Piper nigrum	12.5	12.5	12.5	12.5	12.5	12.5

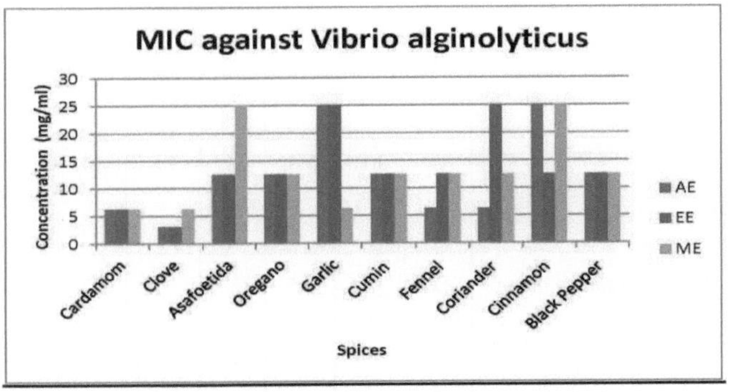

Gráfico 4.24: CIM de 10 especiarias diferentes contra V. alginolyticus

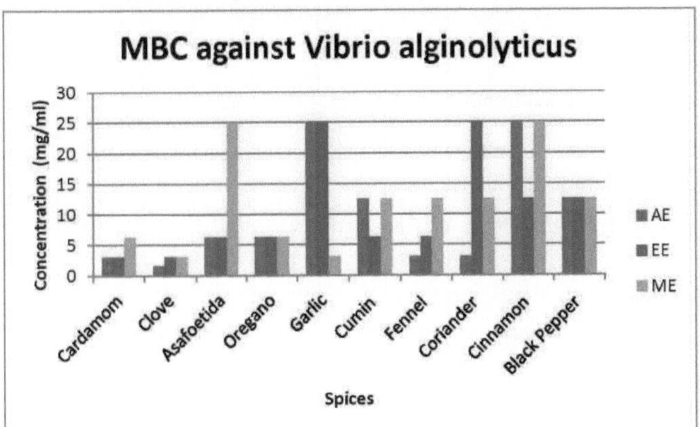

Gráfico 4.25: MBC de 10 especiarias diferentes contra V. alginolyticus

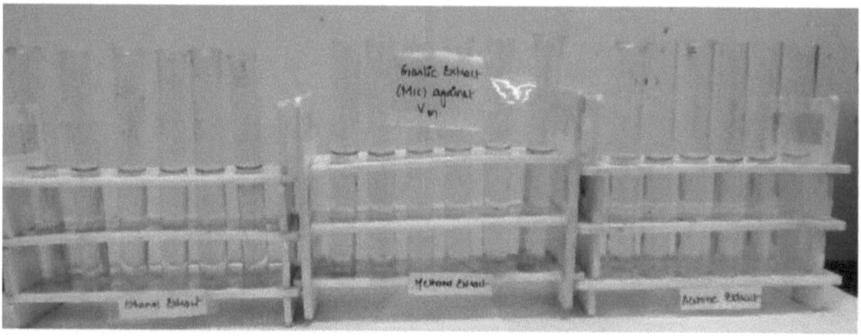

Fig 4.90: Concentração inibitória mínima (CIM) do alho (Allium sativum) contra a V. cholera; Extractos utilizados: Metanólico, etanólico e acetona; Meios utilizados: Caldo de soja triptona ; Concentrações utilizadas: 25 pg/ml, 12,5 pg/ml, 6,25 pg/ml, 3,125 pg/ml, 1,562 pg/ml, 0,781 pg/ml; Incubado a 37°C, 48 horas

Tabela 4.25: Determinação dos valores MIC (mg/ml) e MBC (mg/ml) para os extractos de especiarias contra Vibrio mimicus

S.N.	Comum Nome	Nome botânico	CIM (pg/ml)			MBC (pg/ml)		
			AE	EE	ME	AE	EE	ME
1	Cardamomo	Elettaria cardamomum	12.5	25	25	12.5	25	25
2	Cravo	Syzygium aromaticum	6.25	6.25	6.25	3.125	3.125	6.25
3	Asafoetida	Ferula assa-foetida	12.5	25	12.5	6.25	25	12.5
4	Oregãos	Origanum vulgare	25	25	6.25	25	25	3.125
5	Alho	Allium sativum	6.25	6.25	12.5	3.125	3.125	6.25
6	Cominho	Cuminum cyminum	12.5	12.5	12.5	12.5	12.5	12.5

7	Funcho	Foeniculum vulgare	12.5	6.25	12.5	12.5	6.25	12.5
8	Coentros	Coriandrum sativum	12.5	12.5	12.5	6.25	12.5	12.5
9	Canela	Cinnamomum zeylanicum	12.5	25	12.5	12.5	25	12.5
10	Pimenta preta	Piper nigrum	12.5	12.5	12.5	12.5	12.5	12.5

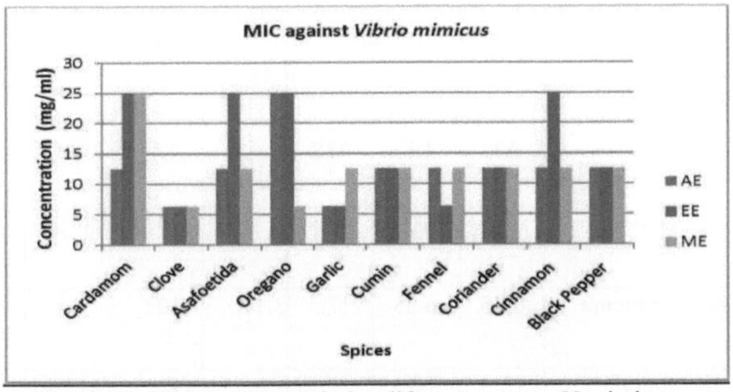

Gráfico 4.26: CIM de 10 especiarias diferentes contra V.mimicus

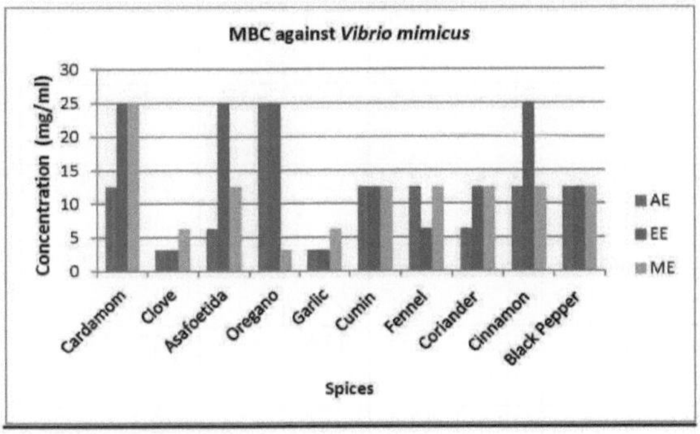

Gráfico 4.27: MBC de 10 especiarias diferentes contra V.mimicus

Fig 4.91: Concentração inibitória mínima (CIM) de pimenta preta (Piper nigrum) contra V. cholera; Extractos utilizados: Metanólico, etanólico e acetona; Meios utilizados: Caldo de soja triptona ; Concentrações utilizadas: 25 pg/ml, 12,5 pg/ml, 6,25 pg/ml, 3,125 pg/ml, 1,562 pg/ml, 0,781 pg/ml; Incubado a 37°C, 48 horas

Tabela 4.26: Determinação dos valores MIC (mg/ml) e MBC (mg/ml) para os extractos de especiarias contra Vibrio vulnificus

S.N.	Comum Nome	Nome botânico	CIM (pg/ml)			MBC (pg/ml)		
			AE	EE	ME	AE	EE	ME
1	Cardamomo	Elettaria cardamomum	25	6.25	12.5	25	6.25	6.25
2	Cravo	Syzygium aromaticum	6.25	6.25	12.5	3.125	3.125	6.25
3	Asafoetida	Ferula assa-foetida	12.5	12.5	12.5	6.25	6.25	12.5
4	Oregãos	Origanum vulgare	6.25	12.5	12.5	6.25	6.25	6.25
5	Alho	Allium sativum	12.5	12.5	12.5	6.25	6.25	6.25
6	Cominho	Cuminum cyminum	6.25	12.5	12.5	3.125	6.25	6.25
7	Funcho	Foeniculum vulgare	12.5	12.5	12.5	12.5	12.5	12.5
8	Coentros	Coriandrum sativum	12.5	25	12.5	12.5	25	12.5
9	Canela	Cinnamomum zeylanicum	12.5	12.5	6.25	12.5	12.5	6.25
10	Pimenta preta	Piper nigrum	12.5	12.5	12.5	12.5	6.25	12.5

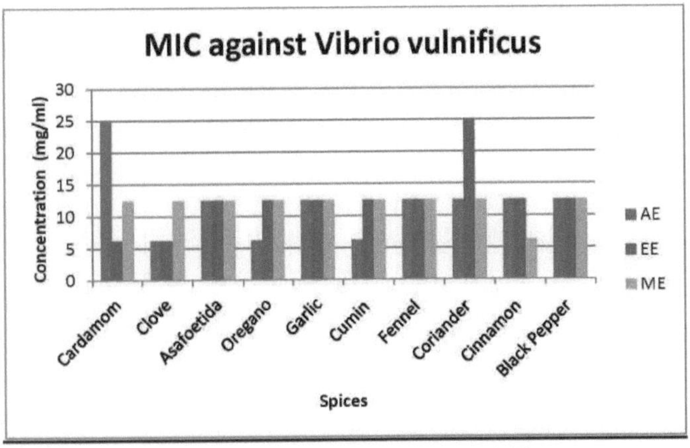

Gráfico 4.28: CIM de 10 especiarias diferentes contra V.vulnificus

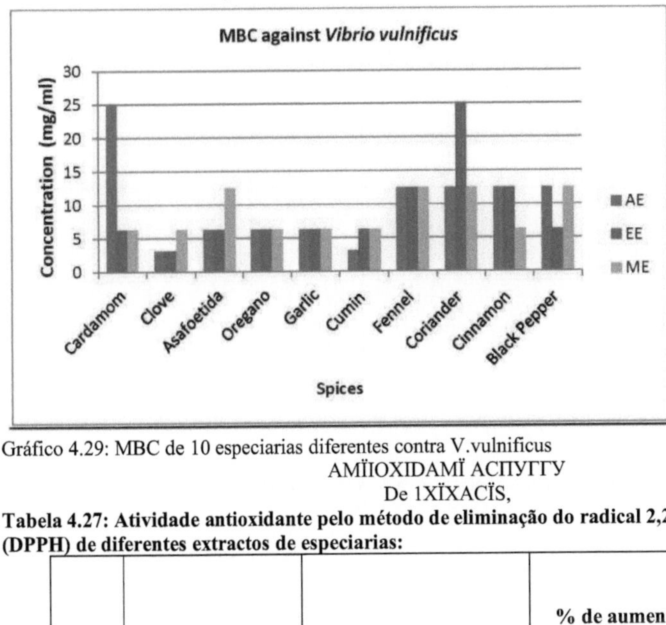

Gráfico 4.29: MBC de 10 especiarias diferentes contra V.vulnificus

AMÏIOXIDAMÏ ACПУГГУ

De 1XÏXACÏS,

Tabela 4.27: Atividade antioxidante pelo método de eliminação do radical 2,20 -difenil-1-picrilhidrazil (DPPH) de diferentes extractos de especiarias:

S.N.	Nome comum	Nome botânico	% de aumento da atividade de eliminação do radical DPPH (a uma concentração de 5 mg/ml)		
			AE	EE	ME
1	Cardamomo	Elettaria cardamomum	8.7	6.25	8.2

2	Cravo	Syzygium aromaticum	62.0	62.5	60.05
3	Asafoetida	Ferula assa-foetida	10.5	13.0	13.5
4	Oregãos	Origanum vulgare	32.0	30.01	33.0
5	Alho	Allium sativum	42.14	48.11	41.9
6	Cominho	Cuminum cyminum	39.3	42.12	38.2
7	Funcho	Foeniculum vulgare	12.5	12.5	10.0
8	Coentros	Coriandrum sativum	17.3	17.0	15.5
9	Canela	Cinnamomum zeylanicum	48.1	44.0	41.05
10	Pimenta preta	Piper nigrum	30.4	33.3	32.0

*AE= Extrato em acetona; EE= Extrato em etanol; ME= Extrato em metanol; PC= Controlo positivo; NC= Controlo negativo

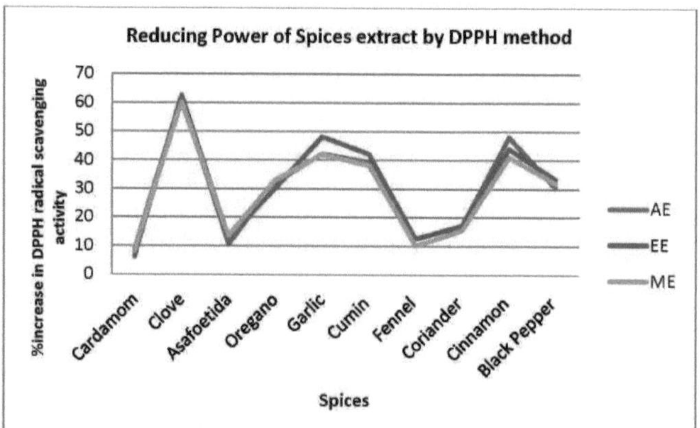

Gráfico 4.30: Gráfico comparativo da propriedade antioxidante do extrato utilizando o ensaio DPPH em extractos de acetona,

metanol e etanol de dez especiarias diferentes

,Tabela 4.28: Capacidade antioxidante pelo ensaio do ácido 2,2'-azinobis(3-etilbenzotiazolina-6-sulfónico (ABTS) de diferentes extractos de especiarias:

S.N.	Nome comum	Nome botânico	Ensaio ABTS		
			AE	EE	ME
1	Cardamomo	Elettaria cardamomum	1.12	1.25	1.4
2	Cravo	Syzygium aromaticum	30.25	18.01	23.5
3	Asafoetida	Ferula assa-foetida	12.5	11.11	12.3
4	Oregãos	Origanum vulgare	17.5	16.0	17.1
5	Alho	Allium sativum	1.02	0.98	0.96
6	Cominho	Cuminum cyminum	6.25	6.5	5.9
7	Funcho	Foeniculum vulgare	1.5	1.15	1.9
8	Coentros	Coriandrum sativum	3.5	3.3	2.8
9	Canela	Cinnamomum zeylanicum	20.5	21.0	20.05
10	Pimenta preta	Piper nigrum	5.5	3.5	3.8

*AE= Extrato de acetona; EE= Extrato de etanol; ME= Extrato de metanol; PC= Controlo positivo; NC= Controlo negativo; Conc. de especiarias: 5mg/ml

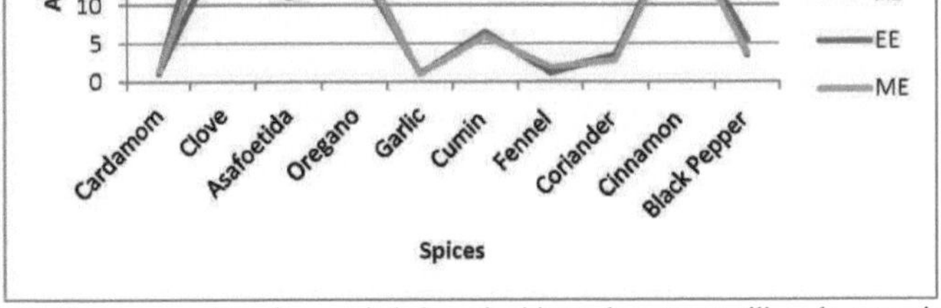

Gráfico 4.31: Gráfico comparativo da propriedade antioxidante do extrato utilizando o ensaio ABTS em acetona, metanol e extrato de etanol de dez especiarias diferentes,

S.N.	Nome comum	Nome botânico	Ensaio FRAP

			AE	EE	ME
1	Cardamomo	Elettaria cardamomum	0.59	1.01	1.0
2	Cravo	Syzygium aromaticum	62.5	58.1	61.1
3	Asafoetida	Ferula assa-foetida	12.5	12.2	18.1
4	Oregãos	Origanum vulgare	20.0	12.5	18.5
5	Alho	Allium sativum	0.41	0.38	0.33
6	Cominho	Cuminum cyminum	2.25	2.18	1.50
7	Funcho	Foeniculum vulgare	1.52	1.50	1.18
8	Coentros	Coriandrum sativum	1.5	1.3	1.21
9	Canela	Cinnamomum zeylanicum	21.5	20.8	19.2
10	Pimenta preta	Piper nigrum	2.5	2.2	2.7

*AE= Extrato de acetona; EE= Extrato de etanol; ME= Extrato de metanol; PC= Controlo positivo; NC= Controlo negativo; Conc. de especiarias: 5mg/ml

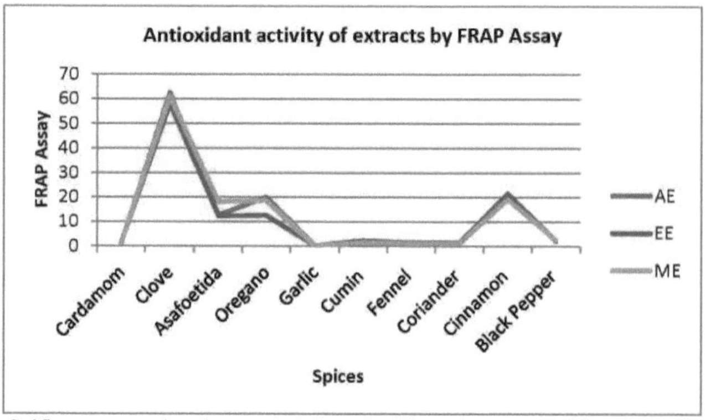

Gráfico 4.32: Gráfico comparativo da propriedade antioxidante do extrato utilizando o ensaio FRAP em extrato de acetona, metanol e etanol de dez especiarias diferentes

Capítulo 5
Discussão

As amostras de água foram analisadas quanto aos seus parâmetros físicos e químicos utilizando métodos normalizados. Os parâmetros físicos incluíam o pH das amostras, que variava entre 6,8 e 8,3, em comparação com as normas da OMS, 1993, ou seja, (pH 6,5-8,5). O valor mais elevado foi registado nas amostras de BKT e Barabanki e o mais baixo na amostra de Gudamba Thana. Quanto à temperatura, o valor máximo foi registado a 26,2°C (Fajulaganj) e o mínimo a 21°C (Ajamgarh). Foram testados vários parâmetros químicos, incluindo cálcio, magnésio, sódio, potássio, cloretos, carbonatos e bicarbonatos. O valor médio do cálcio (Ca) foi de 2,16 meq/l, com um valor mínimo de 1,4 meq/l (Kukrail) e um valor máximo de 3,2 meq/l (Bsawan Porwa). O cloreto é o indicador de contaminação com resíduos animais e humanos. O cloreto é um constituinte comum de toda a água natural e geralmente não é classificado como constituinte nocivo **(Chutia e Sarma, 2009).** Os teores de cloreto variaram de 3,5 meq/l (Gudamba thana, deva e BKT) a 8,0 meq/l (Aliganj), o que indica o estado de poluição da massa de água. O valor do magnésio apresentou um valor médio de 1,3 meq/l que oscila entre um valor mínimo de 0,8 meq/l (Fajulaganj e Kukrail) e 1,5 meq/l (Ajamgarh, Gudamba thana, Aliganj, Deva, Chinhat, Bsawan Purwa e Dhatingra). O nível de sódio em diferentes amostras de água apresentou uma variação entre 0,19 meq/l (Jankipuram) - 0,51 meq/l (Raitha). Outro componente químico da amostra de água é o potássio, que apresentou uma variação de 0,044 meq/l (Jankipuram) a 0,162 meq/l (Raitha).

As amostras de água de diferentes regiões foram espalhadas em meio de ágar TCBS para isolar as bactérias presentes. Foram observados dois tipos diferentes de colónias, ou seja, verdes ou amarelas ou ambas. A V. cholerae e o seu biótipo fermentam a sacarose, o que resulta numa mudança de pH e na produção de colónias amarelo-acastanhadas. De acordo com **Fishbein, et al. (1970),** o V. parahaemolyticus produz colónias azuladas claras. As culturas cultivadas em TCBS, se não forem examinadas imediatamente após a remoção da incubadora, as colónias amarelas de Vibrio spp. (por exemplo, V. cholerae) podem reverter para uma cor verde quando deixadas à temperatura ambiente **(Furniss et al., 1978; Murray et al., 2011; Forbes et al., 2007; Koneman et al., 2006).** A colónia de cor observada no estudo para todas as amostras está listada na tabela abaixo **(Tabela 4.10).**

Das 15 amostras, 11 amostras apresentaram colónias verdes quando semeadas em meio TCBS, pelo que poderiam ter a presença de V. parahaemolyticus, V. vulnificus e V. mimicus. Apenas 5 amostras apresentaram colónias amarelas, o que indica a presença de V. cholera e V. alginolyticus. A amostra de água de Dhatingra (lagoa) apresentou colónias verdes e amarelas após o período de incubação. Todas as colónias foram identificadas com base nas suas características morfológicas, mas não foram efectuados testes bioquímicos para a identificação do vibrião ao nível da espécie. Em vez disso, foi utilizada uma ferramenta mais eficaz para a deteção rápida e específica de espécies bacterianas, ou seja, o ensaio mPCR.

A ocorrência natural de vibrios em ambientes marinhos e estuarinos foi registada por **Varnam e Evans (1991).** A incidência de vibrios em frutos do mar capturados no mar, incluindo camarão, foi relatada por **Adeleye et al. (2010),** enquanto **Boinapally e Jiang (2007)** mostraram que os vibrios também são encontrados em camarões criados em tanques. No presente estudo, foram estudadas 5 espécies diferentes de vibrio e, por conseguinte, a sua presença e ausência em várias massas de água. Estas massas de água são utilizadas pelas pessoas que vivem nas redondezas para o seu trabalho quotidiano. Se existirem espécies de bactérias patogénicas nestas massas de água, estas podem ser fatais para as pessoas.

O estudo revela a presença ou ausência de cinco espécies de vibriões que residem nestas massas de água. **O quadro 4.11** mostra estas presenças ou ausências com base nas bandas amplificadas observadas no gel de eletroforese. Foram utilizados primers específicos das cinco espécies para a amplificação e identificação. Os iniciadores utilizados foram V_C para V. cholerae; V_A para V. alginolyticus; VM para V. mimicus, VP para V. parahaemolyticus e V_V para V. vulnificus.

No presente estudo, nenhuma amostra de água revelou ausência total de espécies de vibriões, uma vez que todas as amostras de água apresentaram crescimento no meio seletivo (TCBS). Algumas amostras mostraram poucas colónias, enquanto outras mostraram uma grande quantidade de colónias (verdes, amarelas ou verdes e amarelas). Isto pode dever-se ao aumento da contagem bacteriana com o aumento da carga orgânica de detritos no fundo do lago **(Sujatha, 2007; Kannapiran et al., 2009).** De acordo com **Karunasagar et al. (1992),** a população bacteriana nos tecidos do camarão, na água do viveiro e na lama do fundo aumenta devido ao acúmulo de metabólitos e alimentos não utilizados. **Mary (1977), Chen et al. (1989), Chen (1992) e Dalmin et al. (1997, 2002)** também atestam o aumento da carga bacteriana na água e no sedimento com o aumento da carga orgânica. O estudo concluiu que três espécies patogénicas de vibrio, isto é, V cholera, Vparahaemolyticus e V vulnificus, foram observadas em percentagem ligeiramente mais elevada em comparação com as espécies não patogénicas. Resultados semelhantes foram observados no estudo de **Gopal et al. (2005)**, onde a técnica de PCR foi usada para amplificar o gene toxR e identificar as espécies de vibrio, a ocorrência de várias espécies de Vibrio em amostras de água, sedimento e camarão de vários ambientes de fazendas de camarão da costa leste e oeste da Índia foi estudada. Este estudo confirma a presença maioritária de V. parahaemolyticus em ambientes de aquacultura. Verificou-se uma semelhança com os nossos resultados, uma vez que V. parahaemolyticus foi a espécie que foi identificada no máximo (4) em amostras de água da região, seguida de V. vulnificus (3) e, por último, de V. cholera (2).

No entanto, cinco espécies de Vibrio, nomeadamente V. alginolyticus, V. cholera, V. mimicus, V. parahaemolyticus e V. vulnificus, foram isoladas de amostras de água de 15 regiões diferentes de Lucknow. O estudo ajudou, assim, a identificar uma maior ocorrência de espécies de vibrio patogénicas nestas massas de água e uma ocorrência moderada de espécies de vibrio não patogénicas em algumas regiões. Uma vez que a mPCR é um método específico e rápido de identificação de bactérias, pode ser utilizada para a deteção de espécies patogénicas na água que é consumida pelas pessoas. Ajudará a determinar se uma massa de água cumpre as condições sanitárias adequadas para as pessoas que a utilizam. O método tradicional que utiliza testes bioquímicos para a identificação de micróbios ao nível das espécies é moroso, pelo que a mPCR pode ser uma alternativa melhor.

O potencial de redução de especiarias comuns em etanol, acetona e metanol é ilustrado na Tabela 4.27, 4.28 e 4.29. A capacidade redutora de um composto indica o seu poder de atuação como antioxidante **(S. Lakshmidevi et al., 2007, Nikhat, 2009)**. No entanto, diferentes tipos de antioxidantes possuem diferentes mecanismos de ação para evitar a oxidação de qualquer composto, nomeadamente a prevenção do início da cadeia e a decomposição das peroxidases **(Singh et al., 2008)**.

De acordo com as tabelas 4.27, 4.28 e 4.29 the following performance order of the extracts analyzed by DPPH, ABTS and FRAP expressed in following order Clove (Syzygium aromaticum) > Cinnamon (Cinnamomum zeylanicum) > Garlic (Allium sativum) > Cominhos (Cuminum cyminum) > Orégãos (Origanum vulgare) > Pimenta preta (Piper nigrum) > Coentros (Coriandrum sativum) > Funcho (Foeniculum vulgare) > Asafoetida (Ferula assa-foetida) > Cardamomo (Elettaria cardamomum). **Hossain et al. (2008)** encontraram a mesma ordem de classificação para a atividade de eliminação de radicais livres medida pelo teste ABTS e FRAP para especiarias.

O extrato metanólico de especiarias tem uma maior percentagem de potencial de redução em comparação com o extrato aquoso de especiarias observado por **Kamleshiya et al. (2012).** O aumento percentual no poder redutor do extrato metanólico foi na ordem Ácido ascórbico >C. cassia>P. nigrum>M. koenigii>T. ammi>M.fragrans. Uma variação do resultado foi observada no nosso estudo, onde o extrato metanólico apresentou uma percentagem máxima de poder redutor. O cravinho (Syzygium aromaticum) apresentou o valor mais elevado (62%) e o cardamomo (Elettaria cardamomum) apresentou o valor mais baixo (8,7%). Utilizando o ensaio ABTS, a atividade observada foi a mais elevada para o cravinho (Syzygium aromaticum)-30,25 g Trolox/100 g dw e a mais baixa para o cardamomo (Elettaria cardamomum)-1,12 g Trolox/100 g dw. Foi observada uma atividade significativa no caso do cravo-da-índia (Syzygium aromaticum) utilizando o ensaio FRAP, enquanto a mais baixa para o cardamomo (Elettaria cardamomum) foi de 62,5 e 0,59 g Trolox/100 g dw, respetivamente.

Atividade antibacteriana de especiarias contra Vibrio spp

Os resultados do teste de difusão em ágar indicaram que os extractos de especiarias de cravo-da-índia, cardamomo, orégãos, asafoetida e alho apresentaram diferentes graus de inibição contra cinco espécies de Vibrio isoladas e identificadas (V. cholerae, V. parahaemolyticus, V. vulnificus, V. mimicus e V. alginolyticus), tal como relatado no trabalho anterior **(Tiwari e Shankar, 2015)**.

Observou-se que três extractos (acetona, etanol e metanol) de especiarias apresentaram graus variáveis de atividade antimicrobiana contra várias espécies de vibriões. Os orégãos extraídos com metanol apresentaram a maior atividade com uma zona máxima (22,1 ± 0,60) contra Vibrio mimicus (VM). Outros extractos que exibiram uma atividade significativa foram os extractos etanólicos (13,2 ± 0,52) e acetona (13 ± 0,59) de Cardamomo contra Vibrio alginolyticus (VA) em contraste com a atividade relatada por **Britto et al. (2012)**, onde o extrato metanólico mostrou uma atividade significativa, extractos etanólicos de Asafoetida contra Vibrio cholera (13 ± 0,59) e Vibrio parahaemolyticus (16 ± 0,52). O resultado deste estudo também mostrou que foi observada uma atividade antibacteriana distinta pelos extractos de cravinho e alho. Foram observadas zonas semelhantes para os extractos de acetona de cravo-da-índia contra Vibrio alginolyticus e Vibrio mimicus (20 ± 0,62) e 21,2 ± 0,6 contra Vibrio vulnificus, um efeito inibitório semelhante do cravo-da-índia contra Bacillus, Klebsiella, Pseudomonas, E.coli, Serratia, Citrobacter, Proteus e Staphylococcus foi relatado por **Sethi et al. (2013)**

O extrato metanólico de alho (21,1 ± 0,63) e o extrato de acetona (20 ± 0,62) também mostraram um efeito inibitório no crescimento de Vibrio cholera e Vibrio mimicus, que foi semelhante ao efeito relatado por **Indu et al. (2006)**, onde o extrato metanólico de alho mostrou uma atividade distinta contra bactérias gram negativas.

As especiarias são colecções heterogéneas de uma grande variedade de aditivos alimentares básicos voláteis e não voláteis. A Índia, com as suas amplas condições climáticas e características topográficas, possui naturalmente uma grande variedade de especiarias que estão a ser utilizadas na alimentação. Estas especiarias transformam uma refeição vulgar numa experiência extraordinária. Contêm múltiplos constituintes com atividade antimicrobiana, incluindo fenóis, quinonas, flavonas, taninos, terpenóides e alcalóides. Algumas especiarias e ervas culinárias também possuem propriedades antiadesivas, ou seja, substâncias que impedem a adesão do micróbio ao tecido do hospedeiro, evitando assim o ponto primário de infeção **(Pavithra, 2014).** Esta investigação foi um esforço para explorar mais propriedades deste tipo de especiarias que poderiam revelar-se benéficas para os seres vivos. Uma vez que estas propriedades naturais das especiarias podem ser exploradas para obter componentes bioactivos que se revelam potenciais medicamentos.

CONCLUSÃO

As espécies de Vibrio são, sem dúvida, as bactérias mais prevalecentes no ambiente aquático, pelo que a monitorização destas massas de água é importante para o controlo de várias doenças transmitidas pela água. Apresentamos aqui a análise de 15 massas de água diferentes localizadas em Uttar Pradesh (Índia). Os locais incluem Ajamgarh (Gorakhpur), Jankipuram (Lucknow), Gudamba Thana (Lucknow), Fajulaganj (Lucknow), Adil Nagar (Lucknow), Aliganj (Lucknow), Barabanki (Barabanki), Deva (Lucknow), Chinhat (Lucknow), Kukrail (Lucknow). As quinze amostras de água foram cultivadas em meios selectivos, isto é, ágar tiossulfato-citrato-sais biliares-sacarose, incubados durante 48 horas a 37°C. A presença de colónias verdes ou amarelas foi observada e posteriormente semeada em meios de Tryptone Soya Agar, estas culturas puras foram mantidas e sub-cultivadas em slants de Trryptone Soya Agar.

A cultura pura assim obtida foi então inoculada em caldo de soja triptona para a sua identificação molecular utilizando o isolamento do ADN seguido de amplificação por PCR (mPCR). O isolamento do ADN da cultura bacteriana foi feito utilizando o método fenol:clorofórmio, o armazenamento do ADN foi feito em tampão TE até ser utilizado para análise. O ADN isolado foi corrido em gel de agarose a 0,8% e visualizado no sistema de documentação de gel após a saturação do gel com brometo de etídio. A concentração de ADN para cada amostra situou-se no intervalo de l0ng.--ul-30 ng.-ul.

O ADN extraído foi depois utilizado para a amplificação por PCR, utilizando a técnica de PCR multiplex. O estudo teve como objetivo identificar as cinco espécies diferentes de vibriões (V. alginolyticus, V. vulnificus, V. cholera, V. mimicus e V. parahaemolyticus) em amostras de água seleccionadas, utilizando iniciadores específicos para cada espécie. Das 15 amostras, 11 amostras apresentaram colónias verdes quando colocadas em meio TCBS, pelo que podem ter a presença de V. parahaemolyticus, V. vulnificus e V. mimicus. Apenas 5 amostras apresentaram colónias amarelas, o que indica a presença de V. cholera e V. alginolyticus. O estudo ajudou, assim, a identificar uma maior ocorrência de espécies de vibriões patogénicos nestas massas de água e uma ocorrência moderada de espécies de vibriões não patogénicos em algumas regiões, como se mostra no quadro 4.11.

A segunda parte do trabalho consistiu em verificar as propriedades antimicrobianas e antioxidantes de 10 especiarias comuns (Elettaria cardamomum, Syzygium aromaticum, Ferulaassa-foetida, Origanum vulgare, Allium sativum, Cuminum cyminum, Foeniculum vulgare, Coriandrum sativum, Cinnamomum zeylanicum, Piper nigrum) contra as cinco espécies de vibriões identificadas na primeira parte do trabalho. Os extractos destas especiarias foram preparados em acetona, etanol e metanol e foram utilizados para verificar a sua atividade potencial para inibir o crescimento de cinco espécies de vibriões. Poucas mostraram um efeito significativo, enquanto outras não mostraram qualquer efeito. Os orégãos extraídos com metanol apresentaram a maior atividade com uma zona máxima (22,1 ± 0,60) contra o Vibrio mimicus (VM). Outros extractos que apresentaram uma atividade significativa foram o etanólico (13,2 ± 0,52) e a acetona (13 ± 0,59) de cardamomo contra Vibrio alginolyticus (VA). Além disso, o cravo e o alho também apresentaram actividades significativas.

As propriedades antioxidantes do extrato de especiarias também foram determinadas utilizando o método DPPH e FRAP. De acordo com os quadros 4.27, 4.28 e 4.29, a ordem de desempenho dos extractos analisados por DPPH, ABTS e FRAP é a seguinte Cravinho (Syzygium aromaticum) > Canela (Cinnamomum zeylanicum) > Alho (Allium sativum) > Cominhos (Cuminum cyminum) > Orégãos (Origanum vulgare) > Pimenta preta (Piper nigrum) > Coentros (Coriandrum sativum) > Funcho (Foeniculum vulgare) > Asafoetida (Ferula assa- foetida) > Cardamomo (Elettaria cardamomum).

Assim, o estudo ajudou a identificar a presença ou ausência de espécies de vibriões patogénicos/não patogénicos em massas de água e amostras de água da torneira de algumas áreas. Se não forem tomadas medidas adequadas para igualar o nível de saneamento destas fontes de água, elas podem constituir uma possível ameaça para as pessoas que as consomem de qualquer forma possível. Além disso, as especiarias indianas comuns possuem atividade contra algumas destas espécies, pelo que, se a sua utilização for feita por rotina, podem ajudar a travar o crescimento de certas espécies de vibriões.

REFERÊNCIAS

Austin, B. & Zhang, X. H., (2006). "Vibrio harveyi: um importante agente patogénico de vertebrados e invertebrados marinhos". Cartas em Microbiologia Aplicada **43** (2): 119-214.

Banerjee S e Das S. "Anticarcinogenic effects of an aqueous infusion of cloves on skin carcinogenesis," Asian Pac J Cancer Prev. 2005 Jul-Sep.

Baumann, P. e Schubert, R.H.W. (1984). Secção 5. Bastonetes Gram-negativos anaeróbios facultativos. Família II Vibronaceae. In Bergey's Manual of Systematic Bacteriology edKried, N.R. and Holt, J.G. pp. 516-550 Baltimore /London: Williams & Wilki.

Bayoumi,H. E. A. F. &Patko, I. (2012). Monitorização ecológica da qualidade da água do Danúbio na região de Budapeste. Am J Environ Sci 8, 202-211.

Bentivoglio ,M.ePaccini , P. (1995). "FilippoPacini :A determine observe" .Brain Research Bulletin 38 (2):P:161-5

Blois, M. S. (1958). Determinações de antioxidantes através da utilização de um radical livre estável. Nature, 181, 1199-1200.

Bonetta, S., Borelli, E., Bonetta, S., Conio, O., Palumbo, F. &Carraro, E. (2011). Desenvolvimento de um protocolo de PCR para a deteção de Escherichia coli O157:H7 e Salmonella spp. em águas superficiais. Environ Monit Assess 177, 493-503.

Brand-Williams, W., Cuvelier, M. E., & Berset, C. (1995). Utilização do método dos radicais livres para avaliar a atividade antioxidante. Lebensm. Wiss. Technology, 28, 25-30.

Chithra, V. andLeelamma, S.(1997) Hypolipidemic effect of coriander seeds (Coriandrumsativum), mechanism of action. Alimentos vegetais Hum Nutr. 1997;51:167-172

Colwell, R.R. (1996) Global climate and infectious disease: O paradigma da cólera. Science. **274**, 2025-2031.

Colwell, R.R., Kaper, J. e Joseph, W. (1977). Vibrio cholerae, Vibrio parahaemolyticus, and other Vibrio- Occurrence and Distribution in Chesapeake Bay. Science **198**, 394- 396.

Colwell, R.R., Kaper, J. and Joseph, W. (1977) Vibrio cholerae, Vibrio parahaemolyticus, and other Vibrio - Occurence and Distribution in Chesapeake Bay. Science **198**, 394- 396.

DeNormandie Justin, Janette Sunita.Combating diarrhoeal disease in India through safe drinking water. novembro de 2002. [Disponível em URL :< http://www.who.int/mediacentre/multimedia/2002/ind sanitation/en/index.html>

Faruque, S.M.,Nair ,G .B .(2008). Vibrio cholera:genómica e biologia molecular . Caister Academic press.

Fenwick A. Doenças transmitidas pela água - poderão ser atribuídas a História? Science. 2006; 313:1077-1081.

Ferric reducing antioxidant power assay: direct measure of total antioxidant activity of biological fluids and modified version for simultaneous measurement of total antioxidant power and ascorbic acid concentration. Methods Enzymol, 299 (1999), pp. 15-27.

Finkelstein,R.A.(1996). Cholera , vibrio cholera O1 and O139 ,and other pathogenic vibrios.In Barron's Medical Microbiology. Univ of Texas Medical Branch.

George I, Crop P, Servais P. Use of P-D-Galactosidase and P-D-Glucuronidase Activities for Quantitative Detection of Total and Faecal Coliforms in Wastewater. Can. J. Microbiol. 2001; 47: 670-675.

Girones,R. , Maria Antonia Ferru, S. B., Josbe,' L., Rodriguez-Manzano, J.,Calgua, B., de Abreu Corre, A., Hundesa, A., Carratala, A., Bofill-Mas, S. (2010) Molecular detection of pathogens in water e The pros and cons of molecular techniques.

Grabow WOK. Doenças transmitidas pela água: Atualização da avaliação e controlo da qualidade da água. Water SA.1996; 22:193-202.

H. Leclerc. Relações entre bactérias comuns da água e agentes patogénicos na água potável. HPC e Segurança da Água Potável. 80-118.

Hirasa, K. e Takemasa, M.: (1998). Spice Science and Technology. Nova Iorque, Marcel DekkerInc.

Howard, J. N.(1984). "Robert Koch e o vibrião da cólera: um centenário". BMJ288 (6414):379-81.

Hurst, C.J., Knudsen, G.R. e McInnerney, M.J. (1997). Manual of Environment Microbiology, (American Society for Microbiology, Washington) 1997, pp. 136-152.

Iacobellis, N.S, Cantore, P.L, Capasso, F.e Senatore, F (2005). Atividade antibacteriana dos óleos essenciais de Cuminumcyminum L. e Carumcarvi L. J Agric Food Chem. 2005;53:57-61.

Iqbal, Mohammed (1993). "Comércio internacional de produtos florestais não lenhosos: An overview". FO: Misc/93/11 - Documento de trabalho. Organização das Nações Unidas para a Alimentação e Agricultura. Recuperado em 12 de novembro de 2012

João P. S. Cabral. Microbiologia da Água. Patógenos bacterianos e água. Int J Environ Res Public Health. 2010 Oct; 7(10): 3657-3703.

Jones, M.K. e Oliver, J.D. (2009) Vibrio vulnificus: diseaseand pathogenesis. Infect Immunology 77, 1723-1733.

Joseph, S.W., Colwell, R.R. e Kaper, J.B. (1983). Vibrio parahaemolyticus e Vibrios halófilos relacionados. Crit Rev Microbiol 70, 77-123.
Kaneko, T. e Colwell, R.R. (1973) Ecology of Vibrio parahaemolyticus in Chesapeake Bay J **Bacteriol113**, 24-32.
Kumazawa, N.H., Kato, E., Takaba, T.e Yokota, T. (1988). "Sobrevivência de vibrio parahaemolyticus em dois moluscos gastrópodes, Clithonretropictus e Neritaalbicilla".Nihon juigauzasshi .The Japanese journal of veterinary science 50(40):918-24.
MacEachern, D., McCullough, J., Tran, M., MacDonald, K., Marfin, A., Jones, J., Newton, A., Mintz, E., Barzilay, E.J., Kay, M., Cartwright, E., (2010). Notas do terreno: Infeção por Vibrio mimicus devido ao consumo de lagostins. Relatório semanal sobre Morbilidade e Mortalidade, 59 (42): 1374.
Madigan, M., Martinko J.,(2005). Brock Biology of microorganisms (11th ed).Prentice Hall .ISBN0-13-144329-1
Meays, C., Broersma, K., Nordin, R., &Mazumder, A., (2004). Source tracking faecal bacteria critical review of current methods. J. Environ. Man. 73, pp. (71-79)
Medema GJ, Payment P, Dufour A, Robertson W, Waite M, Hunter P, Kirby R, Anderson Y. Assessing Microbial Safety of Drinking Water Improving Approaches and Method (Avaliação da Segurança Microbiana da Água Potável: Melhores Abordagens e Métodos). OMS & OCDE, IWA Publishing; Londres, Reino Unido: 2003. Safe drinking water: an ongoing challenge; pp. 11-45.
N.P. Seeram, S.M. Henning, R. Lee, Y. Niu, H.S. Scheuller, D. Heber. Catechin and caffeine contents of green tea dietary supplements and correlation with antioxidant activityJ. Agric. Food Chem, 54 (2006), pp. 1599-1603.
Nair, G.B., Ramamurthy, T., Bhattacharya, S.K., Dutta, B., Takeda, Y. e Sack, D.A. Nicholas, A., Daniels, M.D., Shafaie, M.D. (2000). A Review of Pathogenic Vibrio Infections for Clinicians, Infect Med 17(10):665-685.
NCCLS. Methods for Dilution Antimicrobial Susceptibility Tests for Bacteria that Grow Aerobically, 6th ed.; National Committee for Clinical Laboratory Standards: Wayne, PA, EUA, 2003.
Noguchi T., Hwang D.F., Arakawa O., Sugita H., Deguchi Y., Shida Y., Hashimoto K., (1987). Vibrio alginolyticus, uma bactéria produtora de tetrodoxina, no intestino do peixe Fuguvermicularis. Biologia Marinha 94 (4): 625-630.
Okuda, J.,Ishibashi, M. ,Hayakawa ,E. ,Nishino ,T., Takeda, Y., Mukhopadhyay ,A. K. (1997). Surgimento de um cloneO3:K6 exclusivo de Vibrio parahaemolyticus em Calcutá, Índia, e isolamento de estirpes do mesmo grupo clonal de viajantes do Sudeste Asiático que chegam ao Japão. J. Clin. Microbiol3150-3135.
Oliver, J.D. e Kaper, J.B. (2001) Vibrio species. Em Food Microbiology: Fundamentals and Frontiers ed Doyle, M.P., Beuchat, L.R. e Montville, T.J. pp. 263300.
Oliver, J.D., (2005). "Infecções de feridas causadas por Vibrio vulnificus e outras bactérias marinhas". Epidemiol **Infect133** (3): 383-91.
Ostrosky, E.A.; Mizumoto, M.K.; Lima, M.E.L.; Kaneko, T.M.; Nishikawa, S.O.; Freitas, B.R. Métodos para avaliação da atividade antimicrobiana e determinação da concentração inibitória mínima (CIM) de plantas medicinais. Rev. Bras. Farmacogn. 2008, 18,301-307.
Palaniappan, R., Studies on the microflora on Prawns Penaeus indicus (Milne Edwards) (Crustacean decopoda Penaedae) with reference to its digestive system. Tese de doutoramento, Universidade de Annamalai, Índia, 1982.
Re R., Pellegrini N., Proteggente A., Pannala A., Yang M., Rice-Evans C.: Atividade antioxidante aplicando um ensaio melhorado de descoloração do radical catião ABTS. Free Radic. Biol. Med., 1999; 26: 1231-1237.
Rose, J.B., Epstein, P.R., Lipp, E.K., Sherman, B.H., Bernard, S.M., Patz, J.A. (2001) Climate variability and change in the United States: potential impacts on water- and foodborne diseases caused by microbiologic agents. Environmental Health Perspectives; 109 Suppl 2:211-21
Ryan, K.J., Ray, C.G. (2004). Sherris Medical Microbiology (4ª ed.). McGraw Hill.
Sack, D.A., Sack, R.B., Nair, G.B. e Siddique, A.K. (2004) Cholera. Lancet 363, 223-233.
Sarkar, B. I., Roy, M. K., Chakrabarti, A. K. e Niyogi, S. K. (1999) Distribuição do tipo de fago Vibrio cholera Ol biótipo El Tor no cenário indiano (1991-98). Ind. J. Med. Res. 109, 204-207.
Seas C, Alarcon M, Aragon JC, Beneit S, Quinonez M, Guerra H, Gotuzzo E. Surveillance of Bacterial Pathogens Associated with Acute Diarrhea in Lima, Peru. Int. J. Infect. Dis. 2000;4:96-99.
Sharma, A., Singh, S.K., &Bajpai, D. (2010). Caracterização fenotípica e genotípica de Shigella spp. com referência aos seus genes de virulência e análise de antibiograma do rio Narmada. Microbiol. Res. 165, pp. (33-42)
Srinivasan K.(2007) Black pepper and its pungent principle - piperine, a review of diverse physiological effects. Crit Rev Food SciNutr. 2007;47:735-748.
Suhaj, M. (2006). Isolamento de antioxidantes de especiarias e sua atividade antirradicalar: uma revisão. J Food Comp Anal, 19(6-7): pp. 531-7.

Tan, W. S., Yunos, M., Yusrina, N., Pui-Wan, T.,NurIzzati, M. Tan-Guan-Sheng, A., Wai-Fong, Y. Kok-Gan, C.(2014). "Caracterização de uma bactéria marinha Vibrio Brasiliensis T33 que produz moléculas de deteção de quorum de N-acil homoserina lactona". Sensores **14** (7): 12104-12113.
Thompson ,F.L.,Gevers ,D .,Thompson ,C.C .,Dawyndt ,P.,naser ,S.,Hoste ,B.,Munn, C.B., Swings ,J .(2005). Patogenia e identificação molecular de vibrio com base na análise de sequências multilocus .Applied and Environment Microbiology 71 ,51075115.
Thompson, F.L., Austin, B. e Swings, J. (2006). The biology ofVibrio. Washington DC:ASM Press.
Thompson, F.L., Iida ,T e Swings ,J., (2004). Biodiversidade de vibrios. Microbial. Mol. Biol. Rev., ensaio de PCR único 28. 68: 403-431.
Nações Unidas. Divisão de Estatística das Nações Unidas Progressos no sentido dos objectivos de desenvolvimento do milénio. 1990-2000. Nova Iorque; Nações Unidas: 2006
Vijayakumar R.S., Surya D., Senthilkumar R., Nalini N. Hypolipidemic(2002) effect of black pepper (Piper nigrum Linn.) in rats fed high fat diet. J ClinBiochemNutr.;32:31- 42.
OMS (Organização Mundial de Saúde) Guidelines for Drinking-water Quality, Incorporating 1st and 2nd Addenda, Volume 1, Recommendations. 3ª ed. OMS; Genebra, Suíça: 2008.
Directrizes **da OMS** para a qualidade da água potável. 3ª ed. OMS; Genebra: 2004. Página nº: 1-22.
OMS: Relatório sobre a saúde no mundo 2005. OMS; Genebra: 2005.
Wo.jdylo, A., Oszmianski, J. e Czemerys, R. (2007). Atividade antioxidante e compostos fenólicos em 32 ervas seleccionadas. Food Chem. 105(3): pp. 940-9.
Wood, J.U. (2007) Neuropathophysiology of functional gastrointestinal disorders. The WJG Press.13(9):1313-1332.
Yamada, T. e Alpers, D.H. (2009) Textbook of gastroenterology (5ª ed.). Blackwell Pub.pp. 2774-2784. ISBN 978-1-4051-6911-0.
Yen, G. C., & Duh, P. D. (1994). Efeito de eliminação de extractos metanólicos de cascas de amendoim em espécies de radicais livres e oxigénio ativo. Journal of Agriculture and Food Chemistry, 42, 629-632.
Younes,M., &Bartram, J. (2001). Riscos para a saúde transmitidos pela água e perspectivas da OMS. Int. J. Hyg. Environ. Health, 204, pp. (255-263).
S.N. Barlow, Toxicological aspects of antioxidants used as food additives, Elsevier, p.253(1990).
N.S. Hettiarachchy, K.C. Glen, R. Gnanaesbandam e M.G. Johnson, J. Food Sci., 61, 516-519(1996).
B. **Shan, Y.Z. Cai, M. Sun e H. Corke,** J. Agric. Food Chem, 53, 7749(2005).
I. Hinneburg, H.J.D. Dorman e R. Hiltunen, Food Chem, 97, 122(2006).
J. Pokorny, Trends Food Sci. Technol., 2, 223-227(1991).
Whitemore B.B., Naidu A.S. (2000) Thiosulfinates. In: Naidu A.S. (Ed.), Natural food antimicrobial systems. Boca Raton, FL: CRC Press, pp. 265-380.
Kumar A., Sharma V.D. (1982) Inhibitory effect of garlic (Allium sativum Linn.) on enterotoxigenic Escherichia coli. Indian J Med Res., 76: 66-70.
Jezowa L., Rafinski T., Wrocinski T. (1966) Investigações sobre a atividade antibiótica de Allium sativum L. Herba Pol., 12:3-13.
Dewitt J.C., Notermans S., Gorin N., et al. (1979) Effect of garlic oil or onion oil on toxin production by Clostridium botulinum in meat slurry. J Food Prot., 42: 222-224.
M. W. Sultan, A. D. Altaf e S. Jehandar, "Common Medicinal Plants of Chapursan Valley, Gojal II, GILGITPAKISTAN," Journal of Research (Science), Vol. 15, No. 1, 2004, pp. 41-43.
M. T. Baratta, H. J. D. Dorman, S. G. Deans, A. C. Figueiredo, J. G. Barroso e G. Ruberto, "Antimicrobials and Antioxidants Properties of Some Commercial Essential Oils," Flavour and Fragrance Journal, Vol. 13, No. 4, 1998, pp. 235-253.
D. J. Daferera, B. N. Ziogas e M. G. Polissiou, "GCMS Analysis of Essential Oils from Some Greek Aromatic Plants and Their Fungi Toxicity on Penicillium Digitatum," Journal of Agricultural and Food Chemistry, Vol. 48, No. 6, 2000, pp. 2576-2581. doi:10.1021/jf990835x
S. G. Deans e K. P. Svoboda, "The Antimicrobial Properties of Marjoram (Origanum majorana L) Volatile Oil," Flavour and Fragrance Journal, Vol. 5, No. 3, 2001, pp. 187190. doi:10.1002/ffj.2730050311
M. A. Garcia e J. Sanz, "Analysis of Origanum vulgare Volatile by Direct Thermal Desorption Coupled to Gas Chromatography-Mass Spectrometry," Journal of Chromatography A, Vol. 918, No. 1, 2001, pp. 189-194. doi:10.1016/S0021- 9673(01)00750-6
S. Kokkini, D. Vokou e R. Karousou, "Morphological and Chemical Variation of Origanum vulgare L. in Greece," Botanica Chronica, Vol. 10, 1991, pp. 337-346.
D. Vokou, S. Kokkini e J. M. Bessiere, "Geographic Variation of Greek Oregano (Origanum vulgare ssp. hirtum) Essential Oils," Biochemical Systematics and Ecology, Vol. 21, No. 2, 1993, pp. 287-295. doi:10.1016/0305-1978(93)90047-U
O. N. Ertas, T. Guler, M. Ciftci, B. Darlkilic e U. G. Simsek, "The Effect of an Essential Oil Mix Drive from Oregano, Clove and Anise on Brolier Performance," International Journal of Poultry Science, Vol. 4, No. 11, 2005, pp. 879-884. doi:10.3923/ijps.2005.879.884
E. J. Veldhuizen, T. O. Creutzberg, S. A. Burt e H. P. Haagsman, "Low Temperature and Binding to Food Components Inhibit the Antibacterial Activity of Carvacrol against Listeria monocytogenes in Streak

Tartare," Journal of Food Protection, Vol. 70, No. 9, 2007, pp. 2127-2132.
C. C. Arcila-Lozano, G. Loarca-Pina, S. Lecona-Uribe e E. M. Gonzalez, "Oregano Properties, Composition and Biological Activity," Archivos Latinoamericanos de Nutrición, Vol. 54, No. 1, 2004, pp. 100-111.
Iacobellis NS, Cantore PL, Capasso F, Senatore F. Antibacterial activity of Cuminum cyminum L. andCarum carvi L. essential oils. J Agric Food Chem. 2005;53:57-61.
De M, De AK, Mukhopadhvay R, Banerjee AB, Micro M. Antimicrobial activity of Cuminum cyminumL. Ars Pharmaceutica. 2003;44:257-69.
Ratnan, D.V.; Ankola, D.D.; Bhardwaj, V.; Sahana, D.K.; Kumar, M.N.V.R. Role of antioxidants in prophylaxis and therapy: Uma perspetiva farmacêutica. J. Control. Release 2006, 113, 189-207.
Sies, H. Stress oxidativo: Oxidantes e antioxidantes. Exp. Physiol. 1997, 82, 291-295.
Beckman, K.B.; Ames, B.N. The free radical theory of aging matures (A teoria dos radicais livres do envelhecimento amadurece). Physiol. Rev. 1998, 78, 547-581.
Pham-Huy, L.A.; He, H.; Pham-Huy, C. Radicais livres, antioxidantes na doença e na saúde. Int. J. Biomed. Sci. 2008, 4, 89-96.
Wang, S.; Melnyk, J.P.; Tsao, R.; Marcone, M.F. How natural dietary antioxidant in fruits, vegetables and legumes promote a vascular health. Food. Res. Intern. 2011, 44, 14-22.
Wootton-Beard, P.C.; Ryan, L. Melhorar a saúde pública? O papel das bebidas de fruta e vegetais ricas em antioxidantes. Food. Res. Int. 2011, 44, 3135-3148.
Azzi, A.; Davies, K.J.A.; Kelly, F. Free radical biology-Terminology and critical thinking. FEBS Lett. 2004, 558, 3-6.
Liu, R.H. Potencial sinergia de fitoquímicos na prevenção do cancro: mecanismo de ação. J. Nutr. Sci. 2004, 134, 3479S-3485S.
Gul^in, I. Antioxidant activity of food constituents: Uma visão geral. Arch. Toxicol. 2012, 86, 345-391.
Ghose, B.B. e Basu. A. K. (1968), Observation on Estuarine Pollution of the Hooghly by the Effluents from a Chemical Factory Complex at Reshasa, West Bengal. Saúde Ambiental, 10, pp 209-218.
Gupta, S. and Shukla, D. N. (2006), Physico-Chemical Analysis of Sewage Water and its Effect on Seed Germination and Seedling Growth of Sesamum indicum. Journal of Research in National Development, 1, pp 15-19.
Patil, D. B. e Tijare, R. V. (2001), Studies on Water Quality of Godchiroli Lake. Pollution Research, 20, Pp 257-259.
Singh, R.P. e Mathur, P. (2005), Investigation of Variation in Physico-Chemical Characteristics of a Fresh Water Reservoir of Ajmer city, Rajasthan. Indian Journal of Environmental Science, 9, pp 57-61.
Dwivedi, B.K. and Pandey, G. C. (2002), Physico-Chemical Factors and Algal Diversity of Two Ponds, (Girija and Maqubara Pond), Faizabad. Pollution Research, 21, pp 361-370.
Pandey, A. K. e Pandey, G. C. (2003), Physico-Chemical Charateristics of City Sewage Discharge into Saryu at Faizabad-Ayodhya. Himalayan Journal of Environment and Zoology, 17, pp 85-91.
CIA. 2008. The world factbook" Agência Central de Inteligência, Consultado em 20 de dezembro de 2008.
A K Dixit , S K Pandey , R Mehta , NiyazAhmad , Gunjan , Jyoti Pandey. Estudo dos parâmetros físico-químicos de diferentes águas de lagoas do distrito de Bilaspur, Chhattishgarh, Índia. Cépticos e críticos ambientais, 2015, 4(3): 89-95.
Recio, M.C.; Rios, J.L. (1989). Uma revisão de alguns compostos antimicrobianos isolados de plantas medicinais relatados na literatura 1978-1988. Phytoter. Res., 3, 117-125.
Silver, L.L.; Bostian, K.A. (1993). Descoberta e desenvolvimento de novos antibióticos: o problema da resistência aos antibióticos. Antimicrobial Agents Chemother, 37, 377-383.
Vanden Berghe, D.A.; Vlietinck, A.J. (1991). Métodos de rastreio de agentes antibacterianos e antivirais de plantas superiores. In: Dey, P.M., Harbone, J.D. (eds), Methods in Plant Biochemistry, Academic Press, London, p. 47-69.
Elgayyar M, Draughon FA, Golden DA, Mount JR. Antimicrobial activity of essential oils from plants against selected pathogenic and saprophytic microorganisms. J Food Prot. 2001;64:1019-1024.
Singh G, Kapoor IP, Pandey SK, Singh UK, Singh RK. Estudos sobre óleos essenciais: parte 10; atividade antibacteriana de óleos voláteis de algumas especiarias. Phytother Res. 2002;16:680-682. doi: 10.1002/ptr.951.
Valero M, Salmeron MC. Atividade antibacteriana de 11 óleos essenciais contra Bacillus cereus em caldo de cenoura tipificado. Int J Food Microbiol. 2003;85:73-81. doi: 10.1016/S0168-1605(02)00484-1.
Leite de Souza E, Guerr NB, Stamford TLM, Lima EO. Especiarias: fontes alternativas de compostos antimicrobianos para uso na conservação de alimentos. Rev Bras Farm. 2006;87:22-25.
Lee KW, Everts H, Beynen AC. Óleos essenciais na nutrição de frangos de carne. Int J Poult Sci. 2004;3:738-752. doi: 10.3923/ijps.2004.738.752.
Miura K, Kikuzaki H, Nakatani N. Antioxidant activity of chemical components from sage (Salvia officinalis L.) and thyme (Thymus vulgaris L.) measured by the oil stability index method. J Agric Food Chem. 2002;50:1845-1851. doi: 10.1021/jf011314o.
Craig WJ. Propriedades promotoras de saúde das ervas comuns. Am J Clin Nutr. 1999;70:491-499.

M. N. Palaksha, Mansoor Ahmed,[1] e Sanjoy Das. Atividade antibacteriana do extrato de alho em Staphylococcus aureus e Escherichia coli resistentes à estreptomicina apenas e em sinergismo com a estreptomicina. J Nat Sci Biol Med. 2010 Jul-Dez; 1(1): 12-15.

D. Jonkers, E. van den Broek, I. van Dooren ,C. Thijs, E. Dorant, G. Hageman e E. Stobberingh. Antibacterial effect of garlic and omeprazole onHelicobacter pylori. Journal of Antimicrobial Chemotherapy Volume 43, Edição 6Pp. 837-839.

Seenivasan Prabuseenivasan, Manickkam Jayakumar e Savarimuthu Ignacimuthu. Atividade antibacteriana in vitro de alguns óleos essenciais de plantas. BMC Complement Altern Med. 2006; 6: 39. Publicado online 2006Nov 30. doi: 10.1186/1472-6882-6-39.

Md. Mahfuzul Hoquea , M. L. Barib , Vijay K. Junejac , e S. Kawamoto. Antimicrobial Activity of Cloves and Cinnamon Extracts against Food Borne Pathogens and Spoilage bacteria, and Inactivation of Listeria monocytogenes in Ground Chicken meat with their Essential oils. Rep. Nat El. Food Res. Ins. No . 72, 9E21 (2008.)

Nazia Masood Ahmed Chaudhry, Sabahat Saeed e Perween Tariq. Antibacterial Effects of Oregano (Origanum Vulgare) against Gram Negative Bacilli. Pak. J. Bot., 39((2): 609-613, 2007.

Brantner A, Males Z, Pepeljnjak S & Antolic A 1996 Atividade antimicrobiana de PnlillrJ/s splilt7-c/msli Mill (espinho de Cristo). J. Ethnopharmacol. 52: 119- 122.

Vijaya K & Ananthan S 1996 Eficácia terapêutica de plantas medicinais contra a shigelose induzida experimentalmente em cobaias. Inoian J. Pharm. Sci. 58 : 191-193.

Cutter C N 2000 Efeito antimicrobiano de extractos de ervas contra Esc/Jerichit7 coli 0157:H7, Lislerin mOJ/ocylogel1es e Sn/l11ollellt7 lypltillltlriJlJ1} associados à carne de bovino. }. Food Protect. 63 : 601-607.

Puupponen-Pimia M, Nohynek L, Meier C Kohkonen M, Heinonen M, Hopia A & Oksman-Caldentey K M 2001 Propriedades antimicrobianas de compostos fenólicos de bagas. J. App). Microbiol. 90 : 494-507.

Baratta M T, Dorman H J D & Deans S G 1998 Chemical composition, Cintimicrobial and antioxidative activity of lauret sage, rosemary, oregano and coriander essential oils.]. Essen. Oil Res. 10: 618- 627.

Lafont, Jacyuet L Lafont P, Romand A & Sadasi J 1986 Some biological effects of spices, aromatics, condiments and other plant products on bacteria and micromycelia. Microbiologie-AlimentsNumtiox 2 : 239-249.

Ghnannoum M A 1988 Estudos sobre o modo de ação anticandidal do AI/iI/III snlivJlJ1I (alho). J. Gen. Microbiol. 134 : 2917-2924.

Graham H D & Graham E J F 1987 Inhibition of Aspergtllls pnms;1iclls growth and toxin production by garlic. J. Food Safety 8 : 102-108.

Sato A, Terao M & Honma Y L 1990 Antimicrobial action of garlic extract on food poisoning bacteria.]. Food Hyg. Soc. Japan 31 : 328-332.

Wager A, Husain Q SA, Ghuman AM & Zaidi A S 1994 Avaliação de diferentes extractos quanto à atividade antibacteriana. Science InternaL 5 : 385-386.

Meena VI R 1992 Estudos sobre a atividade antimicrobiC1l de várias especiarias e seus óleos. Dissertação de Mestrado. Tese, Instituto Indiano de Investigação Agrícola, Nova Deli.

D. Teneva , Z. Denkova, R. Denkova, T. Atanasova, N. Nenov & P. Merdzhanov. Atividade antimicrobiana de óleos essenciais e extratos de pimenta preta, cominho, coentro e cardamomo contra alguns microorganismos patogênicos e saprófitas. Jornal Búlgaro de Medicina Veterinária, 2015. 1311-1477.

Ahmed, S. A.,Sandai, D. A., Musa, S., Hoe, C. H.,Riadzi ,M., Lau, K. L.,Tang, T. H.(2012) Diagnóstico Rápido da Leptospirose por PCR Multiplex. Malays J Med Sci.; 19(3): 9-16.

Dazhi, J., Yun, L., Min, Z., Yanjun, Z., Yi-Wei, T. (2013). Deteção quantitativa da toxina de Vibrio cholera por monitorização em tempo real e citotoxicidade dinâmica, dezembro de 2013 Volume 51 Número 12.Deteção de Vibrio spp. patogénico em marisco utilizando PCR multiplex e microarrays de ADN. Appl Environ Microbiol 70, 7436-7444.

Dixit, U. e Rishi,S. (2009), Detection of water-borne pathogens: culture plate to genomics, Vol.2 No.11 ISSN: 0974- 6846.

Duan, R.,Junrong, L.,Shi ,G., Cui ,Z., Hai ,R.,Wang ,P.,Xiao, Y.,Li ,K., Qiu, H., Gu ,W., Du, X., Jing, H.,Wang ,X. (2014). Análise de Homologia de Espécies Patogénicas de Yersinia Yersinia enterocolitica, Yersinia pseudotuberculosis, e Yersinia pestisBased onMultilocus Sequence Typing) Volume 52 Número 1

Ellingsen,A.B., Olsen,J. S., Granum, P.E., R0rvik,L.M. e Gonzalez-Escalona ,N. (2013) Caracterização genética de trh positivoVibrio spp. isolado da Noruega.Fronteiras em Microbiologia Celular e de Infeção, Volume 3.

Girones, R., Ferrus, MA., Alonso, JL., Rodriguez-Manzano, J., Correa, AA., Calgua, B., (2007) Global dissemination of Vibrio parahaemolyticus serotype O3:K6 and its sero variants. Clin Microbiol Rev 20, 39-48.

Girones, R., Ferrus, MA., Alonso, JL., Rodriguez-Manzano, J., Correa, AA., Calgua, B., (2007) Global dissemination of Vibrio parahaemolyticus serotype O3:K6 and its sero variants. Clin Microbiol Rev 20, 39-48.

Gugliandolo, C. V., Lentini, A. S. e Maugeri, T.L. (2010). Métodos convencionais e moleculares para a deteção de agentes patogénicos bacterianos em mexilhões, Letters in Applied Microbiology 52, 15-21.

Jin, D.,Yun, L.,Zheng, Min.,Li ,Haijing., Zhang ,Jing.,Melinda, S.,Xu, X., Ding, G., Zhang, Y.,Tangb, Yi-Wei. (2013) Deteção quantitativa de toxina de vibrio cholera por monitorização em tempo real e citotoxicidade dinâmica.Volume 51 Número 12.

Chen, M.X.,Li, H.Y., Li, G., Zheng, T.L. (2011) Distribuição de espécies semelhantes a Vibrio alginolyticus em águas costeiras de Shenzhen, China Brazilian Journal Of Microbiology 42: 884-896.

Labreuchea, Y.,Pallandrea, L.,Ansquera, D., Herlina, J., Wapotroa,B.e Le Rouxb,F.(2012). Pathotyping of Vibrio Isolates by Multiplex PCR Reveals a Risk of Virulent Strain Spreading in New Caledonian Shrimp Farms ,janauary 2012,volume 63, number 1, pages 127 -138.

Liu, J., Gratz, J., Maro, A., Kumburu, H., Kibiki, G., Taniuchi, M., Howlader, A. M., Shihab, U., Sobuz, Haque, R., Kaisar, A., Talukder, S. Q., Zaidi, A., Doris M. H. e Eric R. (2011). Deteção Simultânea de Seis Agentes Patogénicos Bacterianos Causadores de Diarreia com um Ensaio PCR-Luminex Interno Journal of Clinical Microbiology p. 98-103.

Momtaz, H., Farhad, S. D., Rahimi,E. eAsgarifar,A. (2013). Deteção de Escherichia coli, espécies de Salmonella e Vibrio cholerae em água da torneira e água potável engarrafada em Isfahan, Irão. BMC Public Health, 13:556 Página 2 de 7.

Nair,G.B., Ramamurthy, T., Bhattacharya, S.K., Dutta, B.,Takeda, Y. e Sack, D.A.

Nicholas, A., Daniels, M.D., Shafaie, M.D. (2000). A Review of Pathogenic Vibrio Infections for Clinicians, Infect Med 17(10):665-685.

O'Boyle, N.andBoyd, A.(2014) Manipulação da função das células epiteliais intestinais pelos sistemas de secreção tipo III dependentes do contacto celular de Vibrio parahaemolyticus. Fronteiras em Microbiologia Celular e de Infeção|Volume3.

Onyedikachukwu, A., Eyisi ,L.,Uchechukwu, U. (2013) Amostras de água recolhidas na costa atlântica do sudeste da Nigéria J Health Popul Nutr;31(3):314-320.

Rap,R. A. and Labbate ,M.(2013) The function of integronassociated gene cassettes in Vibrio species:the tip of the iceberg., Volume4 | Article 385 |.

Reham, A., Amin e Amani, M. (2012). Deteção específica de espécies patogénicas de Vibrio em moluscos utilizando a reação em cadeia da polimerase multiplex. Global Veterinaria 8 (5): 525-531.

Robert ,S., Pius ,M., Brzoska, R. e Olga ,V. (2011). Conceção e validação de um novo ensaio de PCR em tempo real multiplex para a deteção do agente patogénico Vibrio. Jornal de Proteção Alimentar, Vol. 74, No. 6, Páginas 939-948.

Shikongo, N.,Petrus, N. and Schneider, M.B. (2012). The role, isolation and identification of Vibrio species on the quality and safety of sea food , Biotechnology and Molecular Biology Review Vol. 7 (2), pp. 16-30.

Tall, A., Teillon,A., Boisset, C.,Delesmont, R., Touron-Bodilis,A., Hervio-Heath,D. (2012). Otimização da PCR em tempo real para identificar estirpes de Vibrio spp. ambientais, Volume 113, Número 2, páginas 361-372.

Way, J. S., Josephson, K. L., Pillai, S. D., Abbaszadegan, M., Gerba, C. P. e Pepper, I. L. (1993) Specific Detection of Salmonella spp. by Multiplex Polymerase Chain Reaction. Applied and Environmental Microbiology, p. 1473-1479.

Zhaoguang, Y., Zhongxian, G., Pingping, G., Emily, S.W. (2008). Identificação de Contaminação Microbiana em Sistemas de Tratamento e Distribuição de Água. Volume 12, 1325.

Greisen, K., Loeffelholz, M., Purohit, A. And Leong, D. (1994) PCR Primers and Probes for the 16S rRNA Gene of Most Species of Pathogenic Bacteria, Including BacteriaFound in Cerebrospinal Fluid, p. 335-351.

Ibrahim, A., Liesack, W. And Stackebrand, T. E. (1992). Polymerase Chain ReactionGene Probe Detection System Specific for Pathogenic Strains of Yersinia enterocolitica, P. 1942-1947.

Zhu, S., Kojima, S. e Homma, M. (2013) Estrutura, regulação genética e resposta ambiental da flagelina. Vibrio. Volume 4.

Snow J (1855). On The mode of communication of cholera (Sobre o modo de comunicação da cólera). John Churchill.

Bentivoglio M & Pacini P (1995) Filippo Pacini: Um observador determinado. Brain Res Bull **38**:161-165.

Mintz ED & Guerrant RL (2009) A Lion In Our Village - The Unconscionable Tragedy Of Cholera In Africa (Um Leão na Nossa Aldeia - A Inconcebível Tragédia da Cólera em África). New Eng J Med **360**: 1060-1063.

Apêndice

Soluções de reserva para o isolamento do ADN genómico

Tampão de lise

50mMTrisCl (pH 8,0)
EDTA 10 mM (pH 8,0)
1,5%NaCl
0,25% de sacarose
Misturar bem; ajustar para pH 7,5 e autoclavar a 121º C, 15 lbs de pressão durante 15 minutos. Adicionar 10% de SDS.

0,5 M EDTA

Adicionar 186,1 g de tetraacetato de etilenodiamina dissódica.$2H_2O$ a 800 ml de DW. Agitar vigorosamente num agitador magnético. Ajustar o pH 8,0 com NaOH (=20 g de pastilhas de NaOH), distribuir em alíquotas e esterilizar por autoclavagem.

1M Tris

Dissolver 121 g de base Tris em 800 ml de H_2O, ajustar o pH para o valor desejado adicionando HCl concentrado.

pH	Concentrado de HCl.
7.4	70 ml
7.6	60 ml
8.0	42 ml

Ajustar o pH final depois de deixar a solução arrefecer à temperatura ambiente. Ajustar o volume da solução a 1 litro com H_2O, distribuir em alíquotas e esterilizar por autoclavagem.

10 % de dodecil sulfato de sódio (SDS)

Dissolver 100 g de SDS para eletroforese em 900 ml de H_2O. Aquecer a 68º C para facilitar a dissolução, ajustar o pH adicionando algumas gotas de HCl concentrado. Ajustar o volume para 1 litro com H_2O. Distribuir em alíquotas.

Proteinase K

Preparar uma solução de reserva de 20 mg por ml em água. E armazenar a 20º C, a concentração na reação deve ser de 50pg por ml.

0,5M Tris-CI (pH8,0)

Base Tris	3,028 gm
Água destilada	40,0 ml

Ajustar o pH para 8,0 utilizando IN HCl, completar o volume final para 50 ml. Armazenar a 4°C

EDTA 0,5 M (pH 8,0)

Na_2 EDTA.2H 0_2	9,34 gm
Água destilada	40 ml

Ajustar o pH a 8,0 utilizando NaOH 0,5M. Completar o volume final para 50 ml. Armazenar à temperatura ambiente.

Corante azul de bromofenol

Azul de bromofenol	2,5 mg

Sacarose	40,0 mg

Água destilada 1 ml e dissolver. Armazenar o corante a 4^0 C depois de o autoclavar.

Proteinase K

Proteinase K	10 mg
Água destilada autoclavada	500 pl

Dissolver a proteinase K em água destilada. Armazenar a 20°C.

Brometo de etídio

Brometo de etídio	1 gm
D.W.	100ml

Colocar o agitador magnético durante várias horas para garantir que o corante se dissolve (embrulhar o recipiente em folha de álcool).

Solução de trabalho utilizada no isolamento do ADN genómico para o WSDV

Tampão de lise/ Solução-L

Stock 0,5 M Tris-Cl (pH 8,0)	2 ml
Stock 0,5 M Na_2 EDTA.$2H_2$ 0 (pH 8,0)	5 ml
100 mM NaCl	0,585 gm

Autoclavar e armazenar a 4°C. Adicionar 0,5 gm (0,5%) de SLS ou 2% de SDS

Tampão de lise/ Solução-L

Solução-N

NaCl 5 M (ou seja, 2,925 gm em 10 ml)

Autoclavar a solução N depois de dissolver 2,925 g de NaCl em 10 ml de água destilada autoclavada.

Solução-C

0,7 M NaCl	8 ml
CTAB	1 gm.

Perfazer o volume de 10 ml.

RNAase

RNAase	10 mg
Tampão de RNAase (autoclavado)	1 ml

Dissolva-o; mantenha o tubo em água a ferver durante 15 minutos, deixe-o arrefecer à temperatura ambiente e guarde-o a -20°C.

Clorofórmio/isoamilo (24:1)

Clorofórmio	24 ml

Álcool isoamílico	1 ml

Misturar bem.

Tampão TE

Stock 0,5 M Tris-Cl (pH 8,0)	20 ml
Stock 0,5 M Na_2 EDTA.$2H_2$ 0 (pH 8,0)	8 ml

Completar a solução até 100 ml com água destilada. Autoclavar, deixar arrefecer e conservar a 4 °C.

Tampão de eletroforese

5X (tampão TBE) Tris-borato

Base Tris	54 gm
Ácido bórico	27,5 gm
EDTA 0,5M (pH 8,0)	20 ml
D.W.	1000

MEDIA:

Ágar TCBS (Ágar tiossulfato citrato sal biliar sacarose)-1000ml

Requisitos	gm/litro
Sacarose	20.0
Ágar	15.0
Separar. Peptona Citrato de sódio	10.0 10.0
Cloreto de sódio	10.0
Tiossulfato de sódio	10.0
Extrato de levedura	5.0
Bílis de boi	5.0
Cholato de sódio	3.0

Citrato férrico	1.0
Azul de timol	04
Bromo Thymol Blue	04
pH	8,6 ± 0,2 a 25°C
Água destilada	1000 ml

- Meio TSA (Trypticase Soy Agar)-1000ml

Requisitos	**gm/litro**
Digestão pancreática da caseína	15.00
Digestão Papica da Farinha de Soja	5.00
Cloreto de sódio	5.00
Ágar	15.00
pH final (a 25°C)	7.3± 0.2
Água destilada	1000 ml

TSB (caldo de triptona de soja)-1000ml

Requisitos	**gm/litro**

Triptona	17.00
Cloreto de sódio	5.00
Soyatone Fosfato Dipotássico	3.00 2.50
Dextrose	2.50
pH	7,3 ± 0,2 a 25°C
Água destilada	1000 ml

3.1.3 Reagente para isolamento de ADN

Requisitos Solução tampão TE (pH 8,0)	50X (diluído a 1X)
Solução SDS	10%
Fenol:clorofórmio:	25:24:1

Solução de álcool isoamílico (PCI)

- **Reagente para eletroforese em gel de agarose (0,8% Gel)**

Agarose	0,8 gm
Tampão TAE	50X (diluído a 1X)
Brometo de etídio	3.0 gl
Corante de carga de ADN	5.0 gl

Água destilada	100ml

- **Reagente para eletroforese em gel de agarose (gel a 1,2%)**

Agarose	1,2 gm
Tampão TAE	50X (diluído a 1X)
Brometo de etídio	3.0 gl
Corante de carga de ADN	5.0 gl
Água destilada	100ml

- **Corante de carga de ADN**

Azul de bromofenol	0.25%
Xileno cianol	0.25%
Glicerol	30%

Depois de misturar tudo isto com água destilada, o corante é armazenado a 4°C.

- **Quantificação espectrofotométrica do ADN genómico**

Amostra de ADN	10gl
Água destilada	990gl

MIX
Papier aus verantwortungsvollen Quellen
Paper from responsible sources
FSC® C105338

Printed by Books on Demand GmbH, Norderstedt / Germany